Cinema 4D
自学教程从入门到精通

绘蓝书源 著

化学工业出版社

·北京·

内容简介

《Cinema 4D自学教程从入门到精通》是一本专为Cinema 4D（简称C4D）读者编写，旨在帮助读者从基础操作到高级技巧，全面掌握这款3D建模、动画和渲染软件的实用教程。本书首先介绍了C4D的界面布局、基础操作技巧，以及如何通过自定义操作界面来提高工作效率。接着，深入探讨了C4D的核心功能，包括强大的建模工具、材质与纹理技术、灯光与布光技巧，以及动画和渲染技术，确保读者能够构建出专业级别的三维作品。

全书共有15章，第1章和第2章详细讲解了Cinema 4D的基础操作和工具；第3～8章分别讲解了内置几何体建模、样条建模、生成器建模、变形器建模、多边形建模以及效果器和域建模；第9～15章详细讲解了摄像机与构图、灯光技术、材质与纹理技术、毛发与粒子技术、动力学技术、动画技术以及渲染技术。

为了加强理论与实践的结合，本书提供了多个实战案例，包括产品演示动画、影视包装动画、MG动画等，详细讲解了从概念设计到最终渲染的完整流程。书中每个案例都配有步骤说明和技巧提示，使读者能够跟随操作，逐步提升技能，创作出具有个性和专业水准的三维艺术作品。

图书在版编目（CIP）数据

Cinema 4D自学教程从入门到精通 / 绘蓝书源著.
北京 ： 化学工业出版社，2025. 2. -- ISBN 978-7-122
-46987-8

Ⅰ. TP391.414
中国国家版本馆CIP数据核字第20259DG051号

责任编辑：刘晓婷 　　　　　　　　　　　　　　责任校对：王　静

出版发行：化学工业出版社（北京市东城区青年湖南街13号　邮政编码100011）
印　　装：天津市银博印刷集团有限公司
710mm×1000mm　1/16　印张15½　字数350千字　2025年3月北京第1版第1次印刷

购书咨询：010-64518888　　　　　　　　　售后服务：010-64518899
网　　址：http://www.cip.com.cn

前 言

在数字化时代的浪潮中，三维视觉艺术正以其独特的魅力和广泛的应用前景，深刻地影响着我们的视觉文化和创意产业。Cinema 4D（简称 C4D）作为三维设计领域内的佼佼者，以其卓越的性能和创新性，为设计师、艺术家和创意工作者提供了一个强大的工具平台，让他们能够将想象力转化为令人惊叹的三维作品。

C4D 自问世以来，就以其直观的操作界面、强大的功能和高效的渲染能力，赢得了全球创意专业人士的青睐。它不仅是一个软件，更是一个能够激发创造力、实现创意构想的平台。随着技术的不断进步，C4D 也在不断地进化和完善，为用户带来了更多创新的工具和功能。

本书采用了由浅入深的结构设计，旨在逐步引导读者全面掌握 C4D。从 C4D 的界面介绍、基本操作，到复杂的建模技巧、材质和纹理的应用，再到灯光设置、动画制作和高级渲染技术，每一章节都精心编排，确保读者能够在实践中学习和掌握。

第 1 章和第 2 章将带领读者初识 C4D，了解软件的界面布局和基本操作流程，为后续学习打下坚实的基础。从第 3 章开始，一直到第 8 章，帮助创作者深入探索 C4D 的建模工具，从基础的几何体创建到复杂的多边形编辑，让读者逐步建立起三维建模的核心技能。从第 9 章到第 15 章，分别从摄像机、灯光、材质与纹理、毛发与粒子、动力学、动画、渲染的角度讲解，教给读者如何通过灯光设置来营造场景的氛围和情感；如何使用 C4D 的强大材质和纹理功能，为三维模型赋予逼真的视觉效果；如何使用关键帧和运动图形模块，制作流畅的动画效果；如何使用渲染技术，从输出设置到全局光照，再到各种渲染模式的运用，确保读者能够输出高质量的图像和动画。

为了帮助读者更好地理解 C4D 在实际工作中的应用，本书特别增加了行业应用案例分析。通过具体的项目案例，展示 C4D 技术在电影、电视、游戏、建筑可视化和广告制作等领域的实际运用，让读者能够将所学知识与实际工作相结合，提升解决实际问题的能力。

本书的编写团队由多位在三维设计领域有着丰富经验的专家组成。他们将自己在项目实践中积累的宝贵经验和技巧无私地分享给读者，希望能够启发读者的创意思维，提高设计效率。

《Cinema 4D 自学教程从入门到精通》不仅是一本技术手册，更是一本创意指南。通过本书的学习，读者不仅能够掌握 C4D 的使用技巧，更能够开阔视野，激发创意，创作出更多优秀的三维作品。让我们一起开启这段三维艺术的探索之旅，发现更多可能，创造更多价值。

目 录

01

第 1 章

Cinema 4D 软件入门

　　Cinema 4D，简称C4D，是一款由德国 Maxon Computer 公司开发的 3D 建模、动画和渲染软件。它以其强大的功能、用户友好的界面和高效的工作流程而闻名于世，广泛应用于电影、电视、游戏开发、建筑可视化和广告制作等领域。

　　本书案例使用的 Cinema 4D 软件教程版本为 2024。Cinema 4D 2024 版本在提高用户创作效率、增强视觉效果和优化工作流程方面有重大进步。

1.1 Cinema 4D 初识

　　Cinema 4D（后续正文中简称为 C4D）的强大之处在于其直观的用户界面和丰富的工具集，使得从初学者到专业设计师都能够快速上手并创造出令人印象深刻的 3D 作品。接下来，跟随本书内容，开启探索 C4D 的神秘之旅。

1.1.1 Cinema 4D 的操作界面

　　C4D 的操作界面设计得既直观又全面，为用户提供了一个高效且易于导航的工作环境。C4D 的操作界面如图 1.1-1 所示。

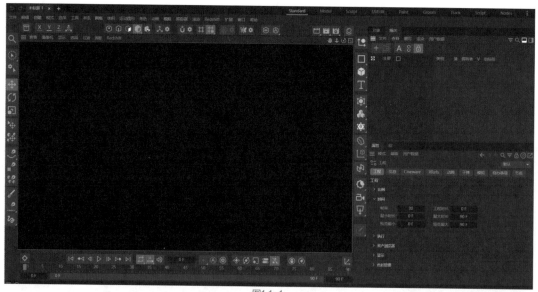

图1.1-1

1 标题栏

　　"标题栏"是大多数软件界面中的一部分，它通常位于窗口的最上方，显示当前正在编辑的文件的名称，这有助于用户快速识别正在工作的项目，如图 1.1-2 所示。

图1.1-2

2 菜单栏

　　C4D 的"菜单栏"设计旨在提供一个清晰和有组织的界面，使用户能够快速找到所需的工具和功能，提供了一个直观的界面来访问各种工具和功能，如图 1.1-3 所示。

图1.1-3

3 创建工具栏

在 C4D 中，"工具栏"提供了快速访问一些常用工具的方式，这些
工具对于创建和编辑 3D 对象至关重要，如图 1.1-4 所示。

图1.1-4

4 编辑模式工具栏

在 C4D 的"菜单栏"下方还有一排单独的"工具栏"，该"工具栏"提供了多种工具，用于创
建和编辑 3D 对象，"点"编辑工具用于移动、缩放或旋转单个顶点，"边"编辑工具用于拉伸或移
动模型的边，"面"编辑工具用于挤出、插入或删除面等，如图 1.1-5 所示。

图1.1-5

5 视图窗口

C4D 提供了多种视图模式，包括"透视视图""正交视图（如前视图、顶视图、侧视图等）"
和"等角视图"。"视图窗口"是用户与 3D 场景交互的主要区域，它允许用户从不同的角度查看和
编辑模型，如图 1.1-6 所示。

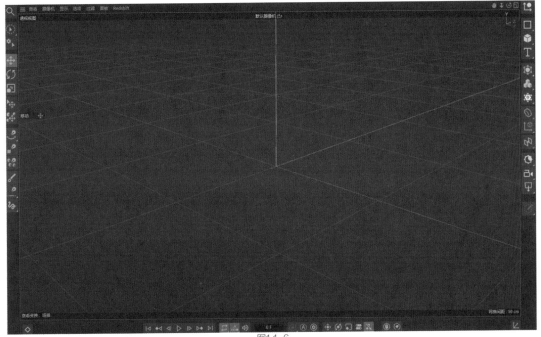

图1.1-6

6 动画时间轴

"动画时间轴"是一个核心组件，它允许用户创建和管理动画的"关键帧"，通过熟练使用
C4D 的"动画时间轴"，用户可以创建复杂的动画效果，从简单的物体移动到复杂的角色动画。"动

画时间轴"是动画制作中不可或缺的工具，它提供了强大的控制能力，以实现精确的动画制作，如图 1.1-7 所示。

图1.1-7

7 渲染视窗、材质编辑器

"渲染视窗"显示最终渲染的图像，用户可以在这里预览渲染效果，并进行必要的调整。"材质编辑器"可以创建新的材质或从预设中进行选择，包括颜色、反射、透明度、凹凸、位移等属性，可以添加和编辑纹理贴图，如漫反射、高光、法线等，用户可以实时预览材质效果，如图 1.1-8 所示。

图1.1-8

8 "动态调色板"工具栏

控制和编辑对象的"层级坐标参数"是通过变换面板来实现的，通过调整位置、旋转、缩放、坐标轴心等工具，用户可以精确地控制对象在 3D 空间中的位置、方向和大小。无论是在建模，还是在动画渲染过程中，掌握这些变换工具的使用，对于创建复杂的 3D 场景和动画至关重要，如图 1.1-9 所示。

图1.1-9

9 系统预设界面

C4D 提供了多种预设的操作界面，以适应不同用户的操作习惯和特定任务的需求。经常使用的界面有默认界面、渲染界面、雕刻界面和绘画界面等，如图 1.1-10 所示。

图1.1-10

10 对象栏、场次

"对象栏"通常被称为"对象管理器"，它是组织和管理 3D 场景中所有对象的重要工具，有对象列表、层级结构、选择和激活、分组、显示和隐藏等功能。

"场次"是一种非常有用的功能，它允许用户在同一个工程文件中保存和切换不同的动画、渲染设置、摄像机视角、材质等。"场次"的切换是非破坏性的，这意味着用户可以在不同的配置之间自由切换，而不会影响到场景的初始状态，如图 1.1-11 所示。

图1.1-11

11 属性栏、层面板

"属性栏"也被称作"属性管理器"，在 C4D 中是一个至关重要的操作界面，允许用户对所选的对象进行详细的属性设置，包括但不限于变换属性、对象类型、材质和纹理等。通过熟练地使用"属性栏"，用户可以更高效地进行 3D 建模、动画制作和渲染设置。使用"层面板"可以处理包含大量对象的复杂场景，允许用户将场景中的对象分配到不同的层中，从而实现更有效地组织和控制，如图 1.1-12 所示。

图1.1-12

12 资产浏览器

资产浏览器是一个强大的资源管理工具，它允许用户有效地管理和使用项目中的各种资源，有资源管理、预设库、目录结构、快速访问等功能，如图 1.1-13 所示。

13 提示栏

提示栏是一个位于界面底部的区域，它提供了实时的反馈信息，帮助用户更好地理解鼠标指针当前所在的位置或所选工具的功能，如图 1.1-14 所示。

图1.1-14

1.1.2 自定义操作界面与保存

自定义操作界面是提高工作效率的重要手段之一。用户可以通过打开界面设置、调整面板和窗口、自定义工具栏、保存布局、调整视图、自定义快捷键等功能手动调整操作界面布局。通过这些调整，用户可以创建一个完全符合个人习惯的操作界面，从而提高工作效率和舒适度。

1 自定义界面

个性化的操作界面可以显著提升工作效率和舒适度，具有使用桌面图标和快捷方式、任务栏和启动器、菜单栏、窗口布局等功能。用户可以根据自己的工作习惯和需求来定制操作界面，从而提高工作效率和享受更好的工作体验。接下来详细了解自定义操作界面的方法。

（1）命令管理器

选择"窗口"—"自定义布局"—"命令管理器"命令，找到常用工具后将其手动拖入面板，如图 1.1-15 所示。

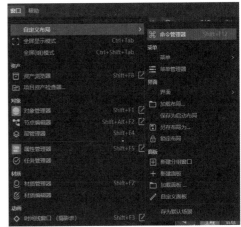

图1.1-15

（2）新建面板

选择"窗口"—"自定义布局"—"新建面板"，将命令管理器中的工具拖入新建面板，"新建面板"可以根据用户习惯随意拖动到想要的位置。与此同时，右击工具可以设置工具图标的基本数据例如尺寸等，如图 1.1-16 ~ 图1.1-18 所示。

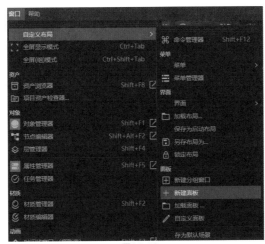

图1.1-16

图1.1-17

图1.1-18

2 保存自定义界面

自定义界面设置完成后，选择"窗口"—"自定义布局"—"保存为启动布局"或"另存布局

为"命令。"保存为启动布局"可以将当前的工作界面、窗口位置、应用程序状态等保存下来，以便下次启动时能够恢复到这个布局。"另存布局为"由用户自己设定布局名称，以便在系统的界面预设面板中查看，如图 1.1-19 所示。

图1.1-19

1.2 基础操作技巧

C4D 的功能强大，基本操作众多，例如使用快捷键、使用对象操作、变换对象、使用层级结构、使用多视图窗口、使用材质和纹理、使用渲染设置、使用脚本和表达式等，掌握一些基本操作技巧可以帮助用户更高效地使用这款软件。

1.2.1 工程文件管理

在使用 C4D 进行项目制作时，合理地管理工程文件尤为重要，这有助于提高工作效率，确保项目的顺利进行。

1 文件操作

保存工程文件是一个非常重要的步骤，尤其是在进行复杂的设计或开发工作时，通常需要定期保存、使用版本控制、命名规范、保存工程的完整副本、进行资源管理等。保存工程文件的步骤为选择"文件"—"保存工程（包含资源）"命令，如图 1.2-1 所示。

图1.2-1

（1）自动保存

选择"编辑"—"设置"—"文件"—"自动保存"命令。设置自动保存功能是提高工作安全性和效率的重要措施，尤其是在处理复杂或耗时的任务时。有启用自动保存、设置保存频率、选择保存位置、设置文件命名规则、使用增量保存等功能，如图 1.2-2 和图 1.2-3 所示。

（2）恢复

文件恢复功能允许用户将文件恢复到上一次保存的状态。

（3）关闭文件

关闭项目文件时，如果文件已经更改但尚未保存，C4D 会弹出对话框提醒用户。全部关闭则是将所有打开的项目全部关闭。

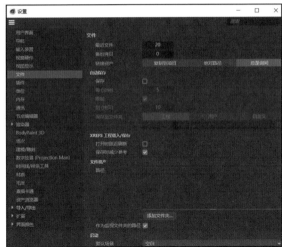
图1.2-2

图1.2-3

（4）导出文件

使用 C4D 制作的文件可以导出为其他格式的文件，在其他软件中使用。

2 系统设置

在菜单栏中选择"编辑"—"设置"命令，进行系统设置，如图 1.2-4 所示。

（1）用户界面

在 C4D 软件中，用户可以通过更改首选项设置来调整界面语言、修改界面色调、设置 GUI 字体大小、启用气泡式帮助、显示菜单栏图标以及配置快捷方式，以提升界面的友好性和易用性。

●语言

在 C4D 中设置界面显示语言通常涉及更改软件的首选项设置。

● GUI 字体

在 C4D 中设置界面字体大小通常涉及更改用户界面（GUI）的字体样式和大小，如图 1.2-5 所示。

●气泡式帮助

将鼠标指针悬停在界面元素上时，会显示一个简短的气泡式信息框，提供有关该元素的帮助信息。

●菜单中的图标

启用鼠标悬停提示和在菜单中显示工具图标是两种不同的界面设置，

图1.2-4

图1.2-5

它们都可以提高用户界面的友好性和易用性。

●菜单中的快捷方式

鼠标悬停提示、工具图标显示以及快捷键提示。

（2）输入装置

在 C4D 中启用数位板支持，可以极大地提高 3D 建模、雕刻和材质绘制的效率和精确度，如图 1.2-6 所示。

图1.2-6

1.2.2 动态调色板

在 C4D 中，"动态调色板"是一个强大的工具，它允许用户在 3D 场景中实时调整材质和纹理的颜色与属性。

1 命令查找工具

直接搜索命令，如图 1.2-7 所示。

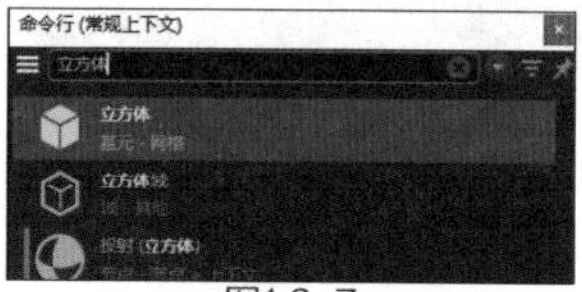

2 选择过滤

在 C4D 中，当场景变得复杂，包含许多对象和层次时，精准选择特定对象可能会变得具有挑战性，用户可通过设置过滤条件来选择特定对象，如图 1.2-8 所示。

3 选择工具

在 C4D 中，精准选择对象是一个重要的技能，可以在其中选择不同的工具制作项目，此外菜单栏选项中也有"选择"工具，如图 1.2-9 所示。

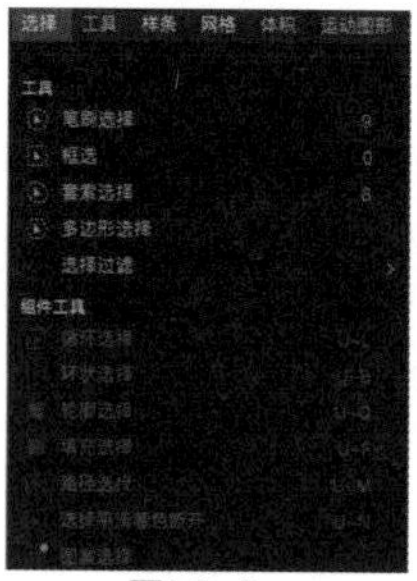

（1）实时选择

数字 9 键通常用来激活"实时选择"工具，当"实时选择"工具被激活时，鼠标指针通常会变为一个圆形，表示它正在"实时选择"模式下。

图1.2-7

图1.2-9　　　图1.2-8

●尺寸

在"实时选择"工具的属性栏中，用户可以设置画笔的尺寸，即选择区域的大小。在视图中，用户可以通过长按鼠标中键并上下或左右移动鼠标，来调整画笔的尺寸大小。上移或右移鼠标可以增大画笔尺寸，下移或左移鼠标可以减小画笔尺寸。

●仅可见

当启用时"选择"工具将只能选择那些面向摄像机的元素，即视图中不被其他元素遮挡的元素。当禁用时"选择"工具可以选择视图中的所有元素，不论它们是否被其他元素遮挡，甚至包括那些面向摄像机背面的元素，如图 1.2-10 所示。

图1.2-10

●容差选择

当启用时"选择"工具只需触碰到边或多边形的任何部分即可选中该元素，这在进行快速选择或需要选择细小元素时非常有用。当禁用时"选择"工具需要覆盖边或多边形的 75% 以上的面积才能选中该元素，这有助于避免意外选择，并提供更精确的控制。

（2）框选

当"框选"工具被激活时，鼠标指针会显示为矩形，表示可以开始绘制选择区域，如图 1.2-11 所示在"框选"模块下的"柔和选择"标签中有如下几个选项。

● 启用

启用"柔和"选择后，选择区域内的点会完全被选中，而在这个区域边缘的点则根据距离的远近逐渐减小选中的程度，从而实现平滑的过渡效果。禁用"柔和"选择的效果如图 1.2-12 所示。

图1.2-11

● 预览

启用后，"柔和"选择区域通常以黄色高亮显示，这为用户提供了一个直观的视觉反馈，如图 1.2-13 所示。

● 表面

当启用了"表面"功能后，"柔和"选择将仅影响所选对象的表面，而不是在整个定义的半径内的三维空间，如图 1.2-14 所示。

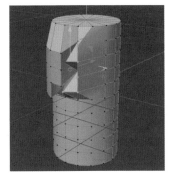

图1.2-12　　　　　　　图1.2-13　　　　　　　图1.2-14

● 橡皮

是一种特殊的使用"柔和"选择的方式，允许用户在编辑模型时实现类似橡皮擦的效果。

● 限制

启用"限制"功能后，操作只会对当前选中的元素有效，而不会影响到其他未选中的元素，即使它们位于"柔和"选择的半径内。这个功能可以提供更精确的控制，确保操作不会波及邻近的元素。

● 衰减

"衰减"功能允许用户设置"柔和"选择的不同衰减类型，例如线性、平方、球形等。这些"衰减"类型决定了选择影响随着距离增加而减少的方式。

（3）套索选择

如果要使用"套索选择"工具，通常需要在"对象"模式下，选择"套索选择"工具，然后按住鼠标左键拖动，围绕要选择的元素绘制一个自由形状的区域，如图 1.2-15 所示。

（4）多边形选择

在"多边形选择"模式下，套索选择可以选择多边形而不是单个顶点或边，这有助于快速选择大面积的表面，如图 1.2-16 所示。

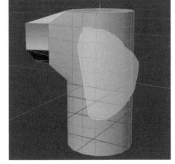
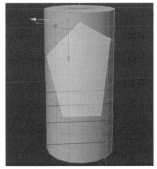

图1.2-15　　　　　　　图1.2-16

（5）循环选择

"循环选择"是一个非常实用的功能，它允许用户快速选择沿某个轴或围绕某个路径的一系列点、边或面，如图 1.2-17 ~ 图 1.2-19 所示。

（6）环状选择

类似于循环选择，"环状选择"的快捷键通常为 Ctrl+ Alt+ 鼠标中键，会选择一个环形的点、边或面，而不是线性的循环，如图 1.2-20 ~ 图 1.2-22 所示。

（7）轮廓选择

当多边形对象是一个开放的模型时，"轮廓选择"工具可以帮助用户快速选择模型的边缘，如图 1.2-23 所示。

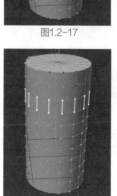

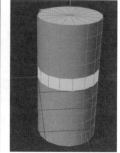

点循环选择　　　　边循环选择　　　　多边形循环选择

图1.2-17　　　　　图1.2-18　　　　　图1.2-19

图1.2-20　　　　　图1.2-21　　　　　图1.2-22

（8）填充选择

"填充选择"通常在多边形模式下使用，允许用户选择一个多边形或一系列多边形。在多边形模式下选择一个或多个多边形，单击鼠标右键，在弹出的快捷菜单或工具栏中直接访问"填充选择"命令。先边循环选择，如图 1.2-24 所示，然后填充选择，如图 1.2-25 所示。

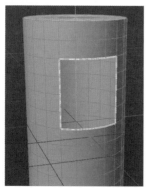

图1.2-23　　　　　图1.2-24　　　　　图1.2-25

（9）路径选择

在"对象模式"下，选择用户想要沿着其路径选择的对象，然后在"选择"菜单中选择"路径选择"命令，或者在"属性"面板中查找并使用该工具。使用"路径选择"时，可以通过设置参数来决定选择的范围，例如选择路径上的所有点，或者根据特定的距离或角度选择点，如图 1.2-26 所示。

图1.2-26

4 "移动"工具

"移动"工具通常由一个带有 4 个箭头的图标表示，可以通过单击工具栏上的相应图标或使用快捷键（通常是 W 键）来激活。使用"移动"工具，可以自由地在 X 轴、Y 轴、Z 轴方向上移动整个对象。

5 "缩放"工具

通常通过在工具栏中单击"缩放"工具的图标或使用快捷键 E 来激活。激活"缩放"工具后，用户可以在视图中通过拖动来缩放对象。

6 "旋转"工具

通常通过在工具栏中单击"旋转"工具图标或使用快捷键 R 激活。激活"旋转"工具后，可以在视图中通过单击并拖动绕 X 轴、Y 轴或 Z 轴旋转对象。视图的上下文会影响旋转的轴向。按住 X 键、Y 键或 Z 键可以限制旋转到相应的轴向，如图 1.2-27 所示。

图1.2-27

1.2.3 视图控制

C4D 中，使用 F5 键和鼠标中键可以快速打开多个视图窗口，方便用户从不同角度观察和编辑场景，如图 1.2-28 所示。

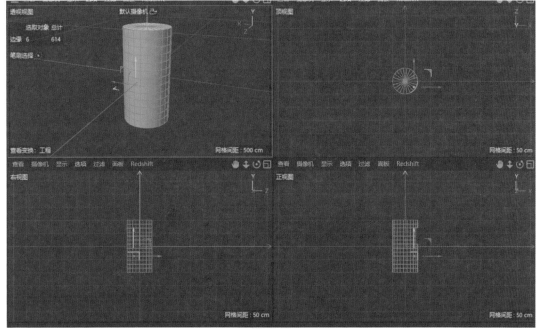

图1.2-28

1 "旋转"工具

"旋转"工具是用于改变 3D 对象的旋转角度或方向的基本工具之一。

（1）移动摄像机

摄像机的移动操作可以通过多种方式实现，以便于用户从不同角度观察和调整场景。首先可以在 C4D 的界面中找到"摄像机"图标，表示当前选中的是"摄像机"工具。按住这个图标时移动鼠标可以平移视图。其次在 C4D 中，数字键盘上的数字 1 键通常与摄像机的移动有关。按下数字 1 键时，C4D 会切换到摄像机移动模式，此时移动鼠标可以平移视图。最后通过同时按住 Alt 键和鼠标中键，可以快速进行视图的平行移动。

（2）缩放摄像机

C4D 中，用户可以通过缩放摄像机或视图来放大或缩小视图，以适应不同用户的习惯和需求。

首先按住"视图"工具栏中的"缩放"图标时，可以通过上下移动鼠标来实现视图的放大或缩小。其次按下数字 2 键时，C4D 会切换到缩放模式，此时上下移动鼠标可以实现视图的放大或缩小。再次通过同时按住 Alt 键和鼠标右键，可以快速进行视图的缩放。最后通过滚动鼠标滚轮，也可以实现视图的快速放大或缩小。

（3）轨道摄像机

轨道摄像机或旋转视图方向的操作，通常指绕着场景中的一个点或对象进行视图的旋转。首先在"视图"工具栏中选择"轨道摄像机"工具时，图标会显示为一个带有圆形箭头的图标。按住这个图标并移动鼠标，可以实现视图的旋转。其次按下数字 3 键后，移动鼠标可以围绕场景的中心点或选中的对象进行视图的旋转。最后通过同时按住 Alt 键和鼠标左键，可以在不切换到特定工具的情况下，直接进行视图的旋转操作。

（4）切换活动视图

切换活动视图是用户在进行 3D 建模和动画制作时经常需要进行的操作。首先 C4D 的视图窗口上方通常会有一个工具栏，其中包含不同的视图切换图标，如透视视图、顶视图、前视图和侧视图等。单击这些图标可以快速在不同的视图模式之间切换。其次单击鼠标中键可以在不同的视图模式之间切换。最后 C4D 提供了一系列的快捷键来快速切换视图，F1 键切换到透视视图，F2 键切换到顶视图，F3 键切换到右视图，F4 键切换到正视图（前视图）。

2 "视图"菜单

"视图"菜单是用户界面的一个重要组成部分，它提供了多种功能来帮助用户更好地查看和管理他们的 3D 场景。

（1）查看

●撤销视图

"撤销视图"操作通常指的是撤销之前对视图进行的旋转、缩放、平移等变换操作。

●重做视图

"重做视图"操作允许用户恢复之前通过撤销操作取消的视图变换。默认重做的快捷键是 Ctrl+Shift+Y。

●恢复默认场景

"恢复默认场景"通常意味着将场景重置到初始状态，删除添加的所有对象和设置，回到一个空白的场景，如图 1.2-29 所示。

图1.2-29

●重绘

"重绘"指的是重新计算并更新当前视图的显示，以便反映场景中的更改，这可能包括模型的变换、材质的更改、灯光的调整等。

●框显全部

"框显全部"允许用户将视图调整到能够显示整个场景或选定对象的范围。

●框显几何体

"框显几何体"是指调整视图，以适应并显示当前选中的几何体或对象。快捷键 F3 键，如图 1.2-30 所示。

●框显选取元素

"框显选取元素"是指调整视图，以显示选中的所有对象。

●框显选择中的对象

"框显选择中的对象"是指调整视图，以显示当前选中的所有对象。

图1.2-30

●镜头移动

"镜头移动"指的是改变摄像机的位置或视角，以便更详细地观察场景中的特定部分。选择"摄像机"工具，然后单击并拖动摄像机以改变其位置。选择"移动"工具，然后单击并拖动摄像机以平移镜头；按下数字 1 键，选择"摄像机"工具，然后移动鼠标平移镜头；按住 Alt 键，同时按住鼠标中键，然后移动鼠标平移镜头，如图 1.2-31 所示。

●镜头推移

"镜头推移"是一种摄像机操作，它涉及将摄像机沿着其视线方向移动，向场景的中心点靠近或远离。选择"摄像机"工具，然后使用"移动"工具沿着 Z 轴（视线方向）移动摄像机；按下键盘上的数字 1 键，选择"摄像机"工具，然后移动鼠标沿 Z 轴平移镜头；按住 Alt 键，同时按住鼠标中键，然后移动鼠标沿 Z 轴平移镜头。

●送至图像查看器

"送至图像查看器"指的是将当前视图或选定的对象渲染为图像，并在 C4D 内置的图像查看器中查看结果。

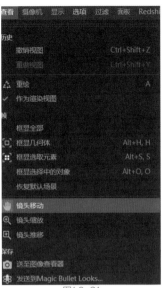

图1.2-31

●发送到 Magic Bullet Looks

Magic Bullet Looks 是一个流行的插件，用于视频和静态图像的颜色分级，它可以集成到 C4D 中。用户可以使用 Magic Bullet Looks 中的工具和预设来调整颜色、对比度、饱和度等，对图像进行颜色分级，如图 1.2-32 所示。

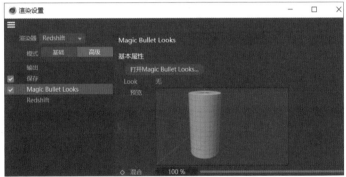

图1.2-32

●作为渲染视图

"作为渲染视图"是一个重要概念，指的是用户在进行最终渲染之前预览渲染结果的视图。透视视图作为渲染视图时，如图 1.2-33 所示；顶视视图作为渲染视图时，如图 1.2-34 所示。

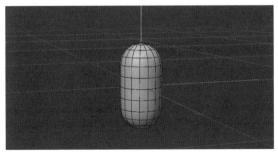

图1.2-33

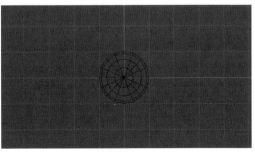

图1.2-34

●配置视图

"配置视图"涉及多个方面，包括视图的布局、显示模式、显示选项等，如图1.2-35所示。

●配置相似

"配置相似"是一种使用标签对具有相似属性或特征的对象进行分组和控制的方法。

●配置全部

"配置全部"是指使用标签功能对场景中的所有对象进行统一的设置或控制。

（2）摄像机

"摄像机"对象用于定义渲染时的视角和视场，在创建摄像机后，通过调整摄像机属性、焦距、景深等，用户可以创造出丰富的视觉效果和动态场景，如图1.2-36所示。

图1.2-35

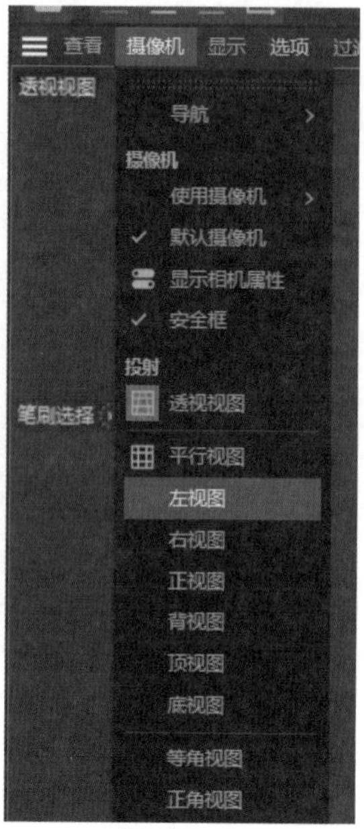

图1.2-36

透视视图、平行视图、左视图、右视图、正视图、背视图、顶视图、底视图、等角视图、正角视图分别如图1.2-37 ~图1.2-46所示。

图1.2-37

图1.2-38

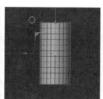

图1.2-39

图1.2-40

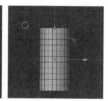

图1.2-41

图1.2-42

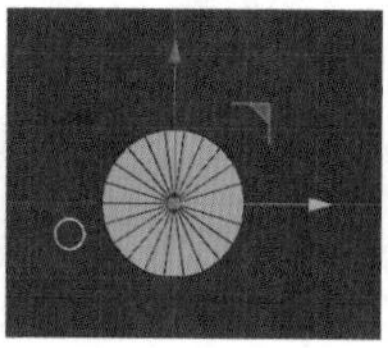

图1.2-43

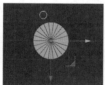

图1.2-44

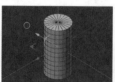

图1.2-45

图1.2-46

（3）显示

用户可以根据需要调整视图窗口中对象的显示方式，如图1.2-47所示。

●光影着色

"光影着色"是渲染过程中重要的一环，它影响最终图像的真实感和视觉效果。通过细致地调整光源、材质和渲染设置，用户可以创造出丰富多样的视觉效果，如图1.2-48所示。

●光影着色（线条）

"光影着色（线条）"指的是在渲染时如何显示线条，尤其是在着色视图中，如图1.2-49所示。

图1.2-47

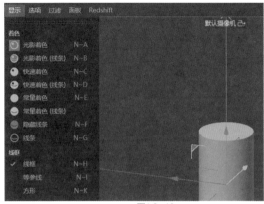

图1.2-48

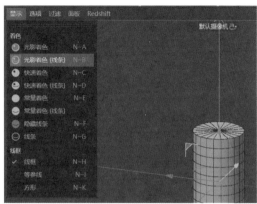

图1.2-49

● 常量着色

"常量着色"是一种特殊的着色方式，为对象提供了一种统一的颜色，而不考虑光源的影响。其用于特定的视觉效果或渲染产品渲染图时，以便在不同光照条件下保持一致的外观，如图 1.2-50 所示。

● 常量着色（线条）

实现"常量着色（线条）"效果通常是为了在视图窗口中以一种统一的颜色显示线条，而不受光照或材质属性的影响，如图 1.2-51 所示。

（4）选项

在"选项"内可以调整软件中的各种参数和进行偏好设置，它们允许用户根据个人的工作习惯和需求定制软件的行为，如图 1.2-52 所示。

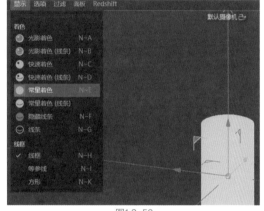

图1.2-50

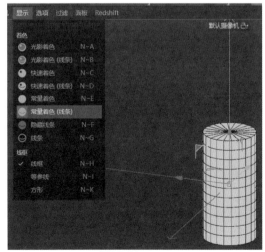

图1.2-51

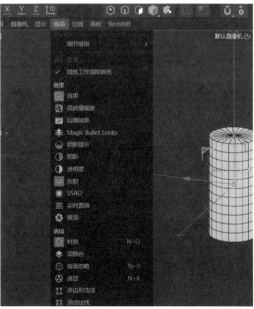

图1.2-52

（5）过滤

"过滤"功能允许用户根据特定的条件筛选和显示场景中的元素，如对象、材质、灯光等，如图 1.2-53 所示。

（6）面板

"面板"指的是用户界面中各种可自定义的窗口和工具栏，它们提供了对软件功能的访问和控制，如图 1.2-54 所示。

●排列布局

"排列布局"指的是在工作区中组织和管理多个视图窗口的方式。

●新建面板

"新建面板"意味着创建一个新的视图窗口或在现有视图窗口中创建一个新的视图标签，如图 1.2-55 所示。

图1.2-53

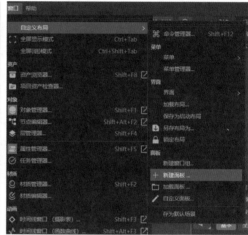

图1.2-54

图1.2-55

1.2.4 编辑模式工具栏

编辑模式工具栏中包含了许多用于编辑 3D 对象的工具，例如移动工具、旋转工具、缩放工具、推拉工具、切割工具等，如图 1.2-56 所示。

图1.2-56

1 锁定 / 解锁 X、Y、Z 轴工具

"锁定和解锁 X 轴""锁定和解锁 Y 轴""锁定和解锁 Z 轴"允许用户在进行变换操作时限制对象沿着特定轴移动、旋转或缩放。

2 "坐标系统"工具

"坐标系统"工具用于确定对象的参考点和变换的基点，对精确控制 3D 模型的位置、旋转和缩放至关重要。

3 "点"模式

"点"模式是多边形建模中的一种选择模式，允许用户单独选择和编辑多边形网格上的顶点，如图 1.2-57 所示。

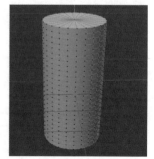

图1.2-57

4 "边"模式

　　"边"模式专注于选择和编辑 3D 模型的边，有选择、移动、拉伸、倒角等功能，如图 1.2-58 所示。

5 "多边形"模式

　　"多边形"模式是编辑模式的一种，允许用户选择和编辑 3D 模型的面（多边形）。这种模式特别适用于对整个面进行操作，而不是对单独的点或边，如图 1.2-59 所示。

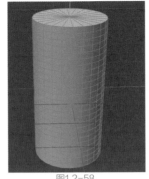

图1.2-58　　　　　　　　图1.2-59

6 "模型"模式

　　"模型"模式指的是软件中用于创建和编辑 3D 模型的不同工作模式，如图 1.2-60 所示。

7 "纹理"模式

　　"纹理"模式指的是与纹理相关的工作模式，这些模式允许用户在 3D 模型上应用纹理贴图，并进行相关的编辑和调整。

图1.2-60

8 启用轴心

　　轴心是定义对象旋转、缩放和移动的中心点，启用和调整轴心对于确保 3D 模型的正确操作至关重要。首先在"对象"模式下选择想要调整轴心的对象，然后在"属性管理器"中输入新的轴心位置值，也可以在"对象"模式下单击并拖动轴心点到新的位置，如图 1.2-61 和图 1.2-62 所示。

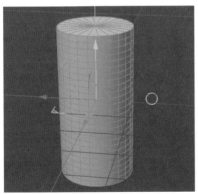

图1.2-61　　　　　　　　图1.2-62

9 UV 模式

　　"UV 模式"是专门用于处理 3D 模型的 UV 坐标的模式。UV 坐标是 2D 纹理映射到 3D 模型表面的一种方式，它们定义了纹理图像如何被展开并应用到模型上。首先确保用户的模型已经被转换成可编辑的多边形对象，在"对象"模式下选择需要编辑 UV 的模型，然后在视图窗口中单击"UV 模式"按钮，进入"UV 模式"，如图 1.2-63 所示。

图1.2-63

10 启用捕捉

"启用捕捉"指的是在建模过程中启用网格捕捉功能，以便更精确地放置、对齐和调整对象。启用捕捉后靠近目标时可自动吸附，如图 1.2-64 和图 1.2-65 所示。

11 工作平面

"工作平面"是一个重要的概念，它是一个虚拟的 2D 平面，用于确定建模和操作时的参考方向。启用后可移动工作平面的位置。

12 建模设置

"建模设置"是指一系列选项和参数，它们影响建模过程中

图1.2-64

图1.2-65

的行为和结果，有网格设置、对称性、吸附、显示设置、选择模式、编辑工具等功能，其快捷键为 Shift+M。

13 锁定工作平面

"锁定工作平面"通常意味着在建模过程中固定工作平面的位置和方向，以防止用户在进行操作时不小心移动或旋转它。

14 软选择

"软选择"允许用户对模型的特定部分进行选择和编辑，同时还能影响周围区域。这种选择方式不是基于严格的几何选择（如点、边、面），而是基于距离衰减的权重来影响选择范围。

15 轴心和软选择

通过结合使用"启用轴心"和"软选择"，用户可以实现更高级和灵活的建模操作，特别是在需要平滑过渡和进行复杂形状调整的场景中。

16 视窗独显

"视窗独显"指的是将某个视图窗口设置为独立显示，即只显示该视图窗口中的内容，隐藏其他所有界面元素。这种模式在进行详细建模或需要全屏查看渲染结果时非常有用。

（1）关闭视窗独显

退出独显，显示场景中的所有对象。

（2）视窗单体独显

实现视窗独显指的是让某个视图窗口占据整个屏幕，以便用户专注于该视图，不受其他界面元素的干扰。

17 视窗层级独显和视窗独显自动

将一个视窗设置为全屏显示，方便用户专注于一个特定的视图，不受其他视图的干扰。

（1）视窗层级独显

实现"视窗层级独显"，可以只显示当前所选对象及其子级，并隐藏其他所有对象，包括当前对象的父级。

（2）视窗独显自动

启用"视窗独显自动"后，可以自定义选择对象的可
见性，禁用后选择其他对象，独显不随之变化，需手动设
置，如图 1.2-66 所示。

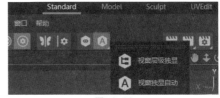

图1.2-66

1.2.5 对象 / 图层管理器

"对象管理器"是 C4D 中用于组织和控制场景中所有对象的层级结构的工具。"图层管理器"
用于管理场景中的不同图层，类似于 2D 图像编辑软件中图层的概念。

1 对象管理器

"对象管理器"是一个用于浏览和控制场景中所有对象的列表和层级结构的工具。

（1）文件

在"文件"中可以对对象进行整合、另存为特定格式、转换存储为不同格式，以适应不同的工作
流程和文件共享需求。

●合并对象

将多个对象组合成一个单一的对象，如图 1.2-67 所示。

●保存所选对象为

将当前对象另存为一个文件。

●导出所选对象为

将当前对象存储为其他格式。

图1.2-67

（2）查看

"查看"用于导航和管理对象层级的不同视图模式，允许用户聚焦于
特定子对象层级、查看所有对象或快速选择最上层的激活对象。

●设为根部

单击后"对象"栏中显示该层子对象，如图 1.2-68 所示。

●转到主层

单击后对象栏显示所有对象。

（3）项目管理

"项目管理"是一个重要的概念，它涉及组织、跟踪和维护一个 3D
项目的所有方面，包括资产、场景、纹理、材质、角色、动画等，如图
1.2-69 所示。

图1.2-68

图1.2-69

●搜索

根据名称搜索对象，如图 1.2-70 所示。

图1.2-70

● 筛选

通过过滤器在众多对象中选择需要的对象，如图 1.2-71 所示。

● 取消停靠副本

新建对象管理器。

（4）对象管理器

"对象管理器"是一个非常重要的工具，它允许用户组织和管理场景中的所有对象，合理地使用可以大大提高用户的工作效率和场景管理的灵活性。在"对象管理器"中可以进行以下操作。

● 改变层级结构

图1.2-71

将一个对象拖动成为另一个对象的平级，如图 1.2-72 所示。

将一个对象拖动成为另一个对象的子级（子对象），可以创建层级结构，其中子对象会继承父对象的某些变换属性，如位置、旋转和缩放，如图 1.2-73 所示。

创建一个对象的副本，并将其作为另一个对象的子级，或者将材质赋予对象。

● 调整对象标签

图1.2-72　　　　　　　　　图1.2-73

移动标签，重新将此标签作为目标对象的标签，如图 1.2-74 所示。

复制一个对象的标签到另一个对象，如图 1.2-75 所示。

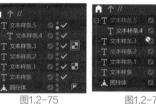

● 禁止操作

禁止当前操作，如图 1.2-76 所示。

图1.2-74　　　　　　图1.2-75　　　　　　图1.2-76

● 指定层

层级颜色是一种视觉辅助功能，开启后显示分配的层级颜色，没有颜色的为未分配，如图 1.2-77 所示。

图1.2-77

● 对象编辑 / 渲染的开启 / 关闭

在"对象管理器"中，每个对象的旁边通常有两个小圆点，分别控制"编辑器"和"渲染器"中的可见性。如果显示为绿色，表示对象在"编辑器"和"渲染器"中可见；如果显示为红色，表示对象在"编辑器"和"渲染器"中不可见，如图 1.2-78 所示。

图1.2-78

● 对象的开启 / 关闭

绿色对勾为启用，红色叉为禁用，如图 1.2-79 所示。

● 标签

图1.2-79　　　　　　　　图1.2-80

"标签"可以赋予对象额外的功能或者属性，如图 1.2-80 所示。

2 图层管理器

"图层管理器"用于组织和管理场景中的不同元素。通过为图层分配自定义颜色，用户可以更容易地区分和操作它们。

当处理包含许多对象和元素的复杂 3D 场景时，合理地使用"图层管理器"至关重要。用户可以打开"图层管理器"，双击创建图层，然后将图层拖动到目标层之上；也可以在创建图层后直接将其拖动到目标层，最后还可以右击目标层，在弹出的快捷菜单中选择"增加对象到层"命令，如图 1.2-81 所示。

图1.2-81

（1）层

使用"层"工具可以对图层进行添加或预设类操作，如图 1.2-82 所示。

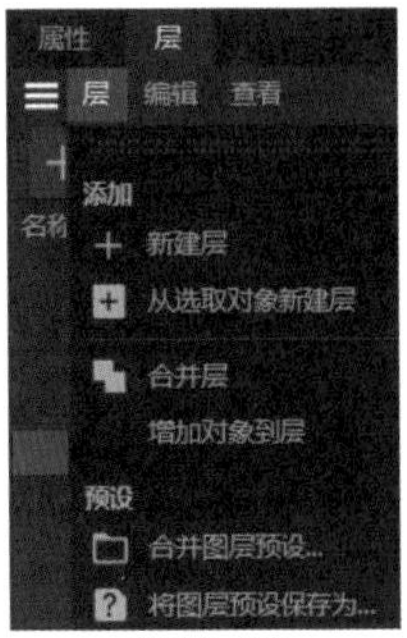

●新建层

创建新的图层。

●从选取对象新建层

创建新的图层，将其分配给选定的目标对象。

●合并层

将多个图层合并。

●增加对象到层

将对象添加到目标层。

●合并图层预设

打开保存的图层设置文件。

●将图层预设保存为

将目标文件图层另存为新的图层，目标图层的附加配置会与其一起另存。

图1.2-82

（2）编辑

使用"编辑"工具可以对图层进行编辑和选择类操作，如图 1.2-83 所示。

●删除

删除图层，可以用 Backspace 键和 Delete 键。

●全部删除

删除所有图层。

●删除未使用的图层

删除无对象图层。

●全部选择 / 取消选择 / 反向选择

对于目标图层配合选择命令使用。

●从层选择

"从层选择"允许用户根据当前选中的层快速选择该层中的所有对象。

图1.2-83

（3）查看

使用"查看"工具可以对图层进行折叠和过滤器类操作，如图 1.2-84 所示。

●全部折叠 / 全部展开

允许用户控制"对象管理器"中对象的层级显示，如果要折叠（隐藏）所有子对象，可以在"对象管理器"的菜单栏中找到全部折叠的选项，或者使用快捷键 Ctrl+Shift+ -；如果要展开所有子对象，可以在"对象管理器"的菜单栏中找到全部展开的选项，或者使用快捷键 Ctrl+Shift+ +。

●独显

允许用户只显示当前选中的对象或层，隐藏其他所有对象。

●查看

设置视图窗口对象的可见性。

●渲染

设置渲染对象的可见性。

●管理器

设置对象栏中对象的可见性。

图1.2-84

●锁定

锁定目标图层。

●动画

启动或者关闭目标图层动画。

●生成器

启用或关闭生成器。

●变形

启用或关闭变形器。

1.2.6 常用标签

C4D 提供了多种工具和标签，包括 SDS 权重、XPresso 节点式控制器、保护标签、合成标签，以及各种投影和可见性选项，用来增强模型的细分控制、动画和渲染效果，同时通过对象缓存、对齐曲线、平滑着色等工具提高建模的效果和动画的灵活性。

1 SDS 权重

"SDS 权重"用于控制细分曲面对象的细分级别。当用户使用细分曲面建模时，"SDS 权重"允许用户对模型的某些部分进行更细致的控制，而不是全局地应用相同的细分级别。

首先确保用户的模型已经应用了细分曲面标签，然后使用"选择"工具，选择用户想要调整细分级别的"边"或"边群"，确保细分曲面标签已经附加到对象上后，在"属性管理器"中拖动滑块调整所选"边"的权重。权重的范围通常是 0 到 1，其中 0 表示不细分，1 表示完全细分。按住"。"（句号）键，向右拖动滑块上的数字，可以减少所选边的细分级别，相反，向左拖动会增加细分级别。用户也可以直接在权重字段中输入数值，以精确地控制细分级别，如图 1.2-85 和图 1.2-86 所示。

图1.2-85

图1.2-86

2 XPresso

"XPresso"是 C4D 中的一个强大的节点式控制器，允许用户通过创建节点网络来控制参数和属性。"XPresso"可以用于动画、建模和渲染设置，提供了一种非常灵活的方式来管理和自动化复杂的工作流程，如图 1.2-87 和图 1.2-88 所示。

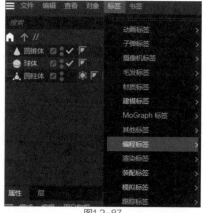

图1.2-87

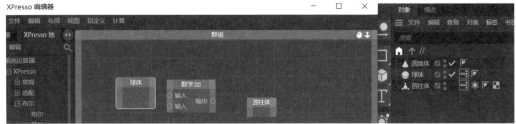

图1.2-88

3 保护标签

"保护"标签是一种特殊的标签，用于锁定对象的特定属性，防止它们被意外更改，如图 1.2-89 所示。

4 合成标签

"合成"标签是一种用于控制对象在渲染合成过程中行为的标签。它允许用户定义哪些通道（如颜色、反射、发光等）应该被包含或排除在最终的渲染图像中，如图 1.2-90 所示。

图1.2-90

图1.2-89

（1）标签

"标签"是一种强大的工具，用于附加到对象上的以提供额外的功能或属性。它们可以改变对象的行为、外观以及与其他对象的交互方式。

●投射投影

"投射投影"允许用户将纹理或图像映射到 3D 模型的表面上，就像使用投影仪将图像投射到墙上一样。

●接收投影

"接收投影"指一个对象能够接收来自灯光或其他对象上纹理投影的能力。它通常用于创建动态阴影和反射效果，或者在场景中对象的表面上显示动态图像和纹理。

●本体投影

"本体投影"是一种特殊的投影技术，它允许一个对象将自己携带的纹理或材质属性投射到其他对象上。使用这种技术可以创建一些有趣的视觉效果，例如将一个物体的表面细节投射到另一个物体上。

●摄像机可见

"摄像机可见"指的是在摄像机标签的属性中，找到可见性或渲染部分，这里会有选项来控制对象是否在摄像机渲染时可见。

●光线可见

"光线可见"指的是控制光线是否在渲染时对场景产生影响。在光源的属性中，找到可见性部分，这里会有选项来控制光源是否在渲染时发光。

●全局光照可见

"全局光照可见"用于模拟光线在场景中多次反射和折射的效果，从而创造出更加自然、真实的光照环境。全局光照的可见性通常不是直接控制的，而是通过调整渲染设置来优化其效果。

●合成背景

"合成背景"指的是在渲染过程中，将场景的背景与前景对象分开处理，以便在后期合成阶段可以更灵活地控制背景。

●透明度可见

"透明度可见"指的是控制对象的透明部分是否在渲染时可见，这通常涉及材质的透明度设置和渲染引擎如何处理透明材质。

●折射可见

"折射可见"指的是控制对象的折射效果是否在渲染时可见。折射是光线穿过透明或半透明材料时改变方向的现象，它对创建真实感的玻璃、水或其他透明物质的视觉效果至关重要。

●环境吸收可见

"环境吸收可见"指的是光线在通过透明或半透明材料时逐渐衰减的效果，这种现象在渲染引擎中模拟时会影响光线的传播和颜色。

（2）对象缓存

"对象缓存"是一种将对象的当前状态保存起来以供后续使用的功能，这在动画和动态模拟中非常有用，如图 1.2-91 所示。

图1.2-91

步骤 01 保存场景，包括所有的动画关键帧和动态效果。选择想要缓存的对象，可以是单个对象，也可以是整个对象层级。

步骤 02 在对象上添加"缓存"标签，可以通过在"对象管理器"中选择对象，然后在"标签"菜单中选择"缓存"来完成。在"缓存"标签的属性中设置"缓存"的开始时间和结束时间，这将定义缓存应该覆盖动画的哪个部分。

步骤 03 根据需要选择缓存的类型，例如"几何体缓存"保存对象的网格变化，而"状态缓存"保存对象的完整状态，包括变换和可见性。单击"应用"按钮生成缓存。C4D 将根据设置的范围和类型保存对象的状态。在时间线中移动播放头，检查缓存是否按预期工作，确保在缓存范围内对象的行为与原始动画一致。

步骤 04 如果需要，可以调整缓存的详细设置，例如压缩级别或分辨率，以优化性能和存储空间。缓存完成后，可以在时间线中播放动画，即使关闭了动态效果或模拟，缓存的对象仍然可以正确显示。

5 对齐曲线

"对齐曲线"可以使对象沿着一条曲线对齐和分布，这在创建文字沿路径排列、管道沿曲线布局，或者任何需要沿特定路径对齐的模型时非常有用，如图 1.2-92 和图 1.2-93 所示。

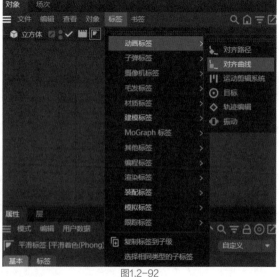

图1.2-92

图1.2-93

●切线

启用后物体的轴向与环的切线方向永远一致。

●位置

对物体在曲线上的位置进行设置。

●分段

如果用户有一个由多个分段组成的单个样条线，启用此功能可以控制物体沿着特定分段的路径移动。

●轴

启用切线的同时激活，当用户将对象沿着路径移动时，对象的局部轴将自动对齐到路径的切线方向。

6 平滑着色（Phong）

"平滑着色（Phong）"是一种常用的着色技术，用于在模型的表面上创建更加平滑和连续的外观，如图 1.2-94 所示。

图1.2-94

7 显示

"显示"指的是控制场景中对象的可见性或呈现方式，如图 1.2-95 所示。

图1.2-95

8 目标

"目标"指的是一个对象的面向点，用于控制另一个对象的方向。这个概念在设置"摄像机"或"灯光"时特别重要，因为它们通常需要指向特定的对象或场景中的某个点，如图 1.2-96 和图 1.2-97 所示。

图1.2-96

图1.2-97

9 限制

"限制"用于控制"变形器"对特定对象或对象组的影响，用户可以自定义变形强度，如图 1.2-98 和图 1.2-99 所示。

图1.2-98

图1.2-99

02

第 2 章

建模工具

在学习 C4D 的过程中，建模是需要首先掌握的基础知识点，是创建三维物体的起点，更是理解和应用其他高级功能的前提。在此基础之上，深入学习和掌握建模工具显得尤为重要。这些工具不仅能帮助用户快速构建出各种几何形状，还能在细节处理和模型优化中发挥关键作用。本章先熟悉 C4D 中的一些简单基础工具，然后逐步介绍这些工具的使用方法，并尝试理解它们的基本参数和设置。

2.1 新建与可编辑

C4D 作为一款强大的 3D 建模软件，提供了丰富的建模工具，帮助用户从简单的几何体到复杂的有机模型进行创建和编辑。以下是一些主要的建模工具及其功能介绍。

● 2.1.1 空白

"空白"即空白对象，新建的空白对象通常位于世界中心点，作为一个参考对象，可以调整其他对象的坐标和位置。通过使用空白对象，便于组织和管理复杂的场景结构，从而提高建模和动画制作的效率。

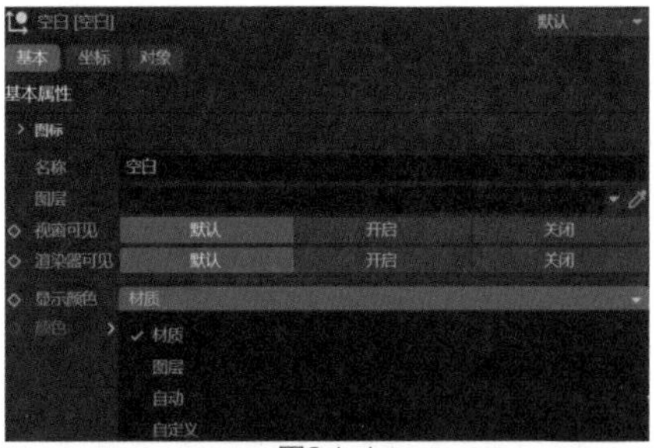

1 基本

空白的"基本"选项卡参数，如图 2.1-1 所示。

（1）名称

输入建模对象的名称。

（2）图层

设定对象分配到哪个图层。

（3）视窗可见

设置所选对象在视图窗口中可见或不可见。

（4）渲染器可见

设置所选对象在渲染时可见或不可见。

图2.1-1

图2.1-2

（5）显示颜色

设置所选对象在视图窗口中显示的颜色，可以显示为模型材质颜色、图层颜色、自动颜色和自定义颜色。

2 坐标

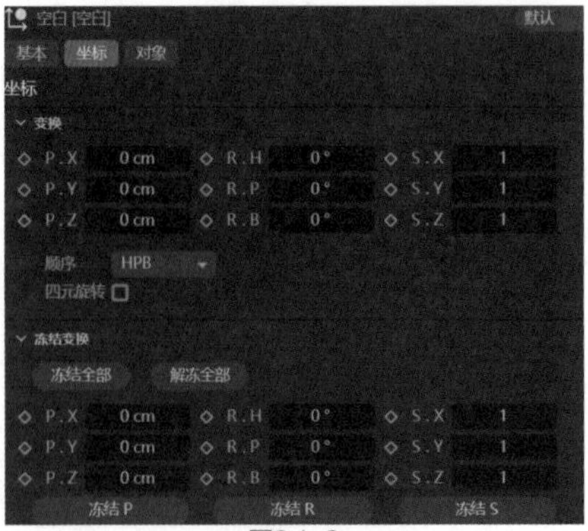

空白的"坐标"选项卡参数，如图 2.1-2 所示。

（1）坐标系统

在 C4D 中，坐标系统是理解和操作对象位置、大小和旋转的关键。坐标参数包括位置（P）、比例（S）和旋转（R）。例如，P.X/Y/Z 表示对象相对于世界坐标系的位置；如果对象在子级中，则表示对象相对于父级坐标系的位置。

S.X/Y/Z 表示对象的大小比例，通过调整这些参数可以改变对象的尺寸。旋转参数 R.H/P/B 则表示对象相对于世界坐标系的旋转角度；如果对象在子级中，则表示对象相对于父级坐标系的旋转角度。H 代表水平旋转（Heading），P 代表俯仰旋转（Pitch），B 代表侧倾旋转（Bank）。通过精确地调整这些坐标参数，可以准确地控制对象在三维空间中的位置、大小和方向，从而实现复杂的建模和动画效果。

（2）四元旋转

在 3D 动画和建模中，旋转是一个非常常见的操作，然而传统的欧拉角（Euler Angle）旋转方式有时会带来一些问题，如万向节锁（Gimbal Lock）和不连续的旋转路径。为了更好地解决这些问题，C4D 提供了四元旋转（Quaternion Rotation）这一选项。

（3）冻结全部

将所选对象当前的 P、S、R 参数冻结并全部归零，这个选项在动画建模中应用得比较多。

（4）解冻全部

将所选对象冻结的 P、S、R 参数全部恢复。

图2.1-3

3 对象

空白的"对象"选项卡参数，如图 2.1-3 所示。

（1）半径

当显示类型设置为圆点以外的任何类型时，"半径"选项会被激活。用户可以通过调整这个参数来设置显示类型的半径大小，从而改变对象在视图中的显示尺寸。这对于精确控制对象的可视化效果非常有用，特别是在处理复杂场景时。

（2）宽高比

当显示类型设置为四点以外的任何类型时，"宽高比"选项会被激活。这个参数允许用户设置显示类型的宽高比例，从而调整对象的形状和比例。通过调整宽高比，可以更灵活地控制对象的外观，使其更符合设计需求。

（3）方向

当显示类型设置为四点以外的任何类型时，"方向"选项会被激活。这个参数允许用户设置显示类型的朝向，从而控制对象在三维空间中的方向和角度。调整方向参数可以更精确地定位对象，确保它们在场景中的位置和朝向正确。

2.1.2 转为可编辑对象

在 C4D 中，原始对象通常是参数对象，它们本身不包含点或多边形。当需要编辑对象的点、线、面时，必须将参数对象转换为多边形对象才能进行操作。通过转换，可以对模型进行更精细地调整和优化，从而实现更复杂的设计和动画效果。

转为可编辑对象的方法有三种方式：第一种，按快捷键 C，注意大写；第二种，单击鼠标右键，选择"修改"，如图 2.1-4 所示；第三种，单击视图右下方的"转为可编辑对象"图标，如图 2.1-5 所示。

图2.1-4

图2.1-5

2.2 基础建模工具

在 C4D 中，基础建模工具构成了 3D 建模工作的核心，它们允许用户创建、编辑和细化三维模型。

2.2.1 样条曲线

样条曲线是通过绘制一系列控制点生成的曲线，这些点决定了曲线的大致形状。在 C4D 中，可以将样条曲线与其他生成器结合，创建出三维模型。样条曲线分为参数化样条曲线和可编辑样条曲线两种。参数化样条曲线具有预定义的形状和属性，适用于快速生成标准几何形状；可编辑样条曲线允许用户自由调整控制点和曲线的形状，提供了更大的创作灵活性。

使用样条曲线有两种方法：第一种，用鼠标长按创建工具栏中的样条工具，如图 2.2-1 所示；第二种，在菜单栏中选择"创建"—"样条"命令，如图 2.2-2 所示。

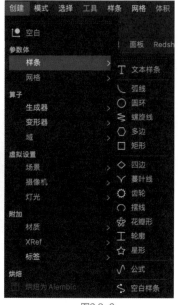

图2.2-1　　　　　　　　　　图2.2-2

1 参数化样条曲线

参数化样条曲线是 C4D 自带的样条曲线，如圆环、多边形、矩形、螺旋等。通过修改参数化样条曲线的属性参数，可以精确地控制样条曲线的形状和尺寸。这些预定义的样条曲线提供了快速生成标准几何形状的便捷方式，适用于各种建模需求。

以矩形为例，修改"对象"选项卡中的参数，可以控制参数化样条曲线的形状。勾选"矩形对象"复选框，并修改参数，便可调整矩形的属性，如图 2.2-3 所示。

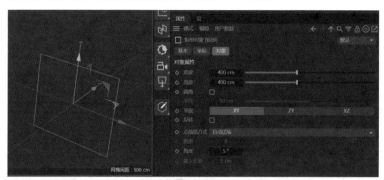

图2.2-3

2 绘制样条曲线

在 C4D 中，除了默认的参数化样条曲线外，还可以手动绘制样条曲线。绘制样条曲线的工具在"模型"模式下显示在活动视图左侧的"动态调色板"工具栏中，如图 2.2-4 所示。手动绘制的样条曲线具有更高的形状可控性和灵活性，允许用户自由定义和调整控制点，从而创建出独特的曲线形态。这种手动绘制的方法非常适合需要精细调整和自定义形状的建模任务，提供了更大的创作自由度和表达空间。

图2.2-4

2.2.2 参数化对象

参数化对象是指可以通过调整属性参数来改变其形状和特性的对象。这些对象在创建时并不包含具体的点、边和面，而是通过参数化定义的几何体。如图 2.2-5 所示。参数化对象允许用户进行非破坏性编辑，即在调整参数时不会影响对象的基本结构。通过使用参数化对象，可以快速创建复杂的几何体，而无须手动编辑每个细节。

2.2.3 建模生成器

C4D 的建模造型工具为三维创作提供了极大的便利，如图 2.2-6 所示。这些工具以其出色的灵活性和自由度著称，允许用户通过自由组合来迅速实现多样化的模型效果。值得注意的是，造型工具本身也是一种生成器，因此在实际应用中，它们需要作为父级对象来使用，以便发挥作用。

创建造型工具的方法有两种：第一种方法是直接单击造型工具以创建生成器，然后将希望添加生成器的模型拖动到生成器的下方作为子对象。这样操作的结果是所有生成器的中心轴都会精准地定位在世界坐标的中心点上。第二种方法是先选择想要添加生成器的模型，接着按住 Alt 键并单击生成器工具，这样就可以创建出直接作为对象父级的生成器。这种方法创建的生成器，其中心轴将与选定模型的中心轴保持一致。

通过这些直观且功能强大的造型工具，C4D 确保了用户能够以高效和直观的方式，将创意转化为现实。

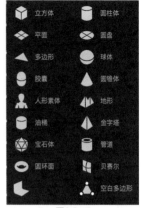

图2.2-5

2.2.4 体积生成器

体积生成器是 C4D 中一个功能强大的工具，它扩展了传统多边形建模的界限，允许用户在三维空间中以体积的方式进行创作。通过掌握体积生成器的使用，为项目添加更多的深度和细节，实现更加丰富和逼真的效果。

在 C4D 中，通过"对象"菜单选择"体积"，然后选择"体积生成器"，如图 2.2-7 所示。

图2.2-6

2.2.5 运动图形工具

运动图形工具是一组用于创建复杂动画和动态效果的强大工具。使用这些工具不仅能够生成三维模型，还能够控制它们的运动和变化。其详细工具如图 2.2-8 所示。

其作用如下：

●生成三维模型

通过参数化的方式快速生成复杂的三维模型。

●控制动画

为模型添加动态效果，如移动、旋转和缩放。

图2.2-7

图2.2-8

●创建效果

生成特殊效果，如克隆、粒子系统和文本动画。

●优化工作流程

简化复杂动画的创建过程，提高工作效率。

图2.2-9

2.2.6 变形器

在 C4D 中，变形器建模工具是一组用于改变和调整现有几何体形状的强大工具。它们可以应用于模型的任何部分，从而创建复杂和动态的变形效果。其详细工具如图 2.2-9 和图 2.2-10 所示。

其作用如下：

●改变形状

通过非破坏性的方式改变模型的形状和结构。

●添加动态效果

为模型添加动态变形效果，如呼吸、摆动或波动。

●实现复杂建模

实现复杂的建模任务，如有机形态或复杂的几何变换。

●动画制作

在动画中控制模型的变形，增加视觉冲击力。

图2.2-10

2.2.7 域工具

在 C4D 中，域工具是 MoGraph 模块的一部分，用于定义作用范围和控制效果器的作用域。其详细工具如图 2.2-11 所示。

其作用如下：

●定义作用范围

域工具可以定义效果器（如风力、重力等）的作用范围。

●控制效果

通过调整域的形状和大小，可以控制效果在空间中的分布。

●影响对象行为

域内的对象会根据域的属性表现出不同的物理行为。

●动画和动态模拟

域工具可以用于动画制作，模拟自然现象或特殊效果。

图2.2-11

2.2.8 场景辅助工具

在 C4D 中，场景辅助工具是一系列用于增强场景设置、提高工作效率和辅助视觉效果设计的实用工具。其详细工具如图 2.2-12 所示。

其作用如下：

●增强场景布局

场景辅助工具可以帮助用户更好地组织和布局场景中的元素。

●提高工作效率

通过提供快速地设置和调整选项，辅助工具可以节省时间并简化工作流程。

图2.2-12

●辅助视觉效果

这些工具可以用于创建辅助线、网格和其他视觉辅助元素，帮助用户更准确地构建和定位模型。

●精确控制

辅助工具可以提供额外的控制选项，如对齐、分布和镜像等。

2.2.9 摄像机工具

在 C4D 中，摄像机工具是用于创建和控制摄像机视角的重要工具，它们对于场景布局、动画制作和最终渲染至关重要。其详细工具如图 2.2-13 所示。

其作用如下：

●定义视角

摄像机工具决定了观众在最终渲染中看到的场景视角。

●控制构图

通过调整摄像机参数，可以控制画面的构图和视觉效果。

●动画制作

为摄像机添加动画，实现动态镜头移动和视角变化。

●景深控制

通过摄像机的景深设置，可以模拟真实世界中的聚焦效果。

图2.2-13

2.2.10 灯光工具

在 C4D 中，灯光工具是实现场景照明和创造视觉效果的关键组件。它们不仅能够照亮场景，还能够增强氛围感和引导观众的视线。其详细工具如图 2.2-14 所示。

其作用如下：

●照亮场景

为场景提供必要的光源，确保模型和材质的细节能够被看见。

●增强视觉效果

通过不同的灯光设置，可以创造出丰富的视觉效果，如阴影、高光和反射。

●引导观众视线

灯光可以引导观众的注意力，突出展示场景中的重要元素。

●模拟自然光

模拟自然光的效果，如太阳光、月光或室内照明。

2.2.11 坐标类工具

图2.2-14

在 C4D 中，坐标类工具是一系列用于精确控制对象在三维空间中的位置、旋转和缩放的工具。其详细工具如图 2.2-15 所示。

其作用如下：

●精确定位

允许用户以精确的数值控制对象在 X、Y、Z 轴上的位置。

●精确旋转

提供对对象绕各轴旋转角度的精确控制。

●精确缩放

允许用户对对象在各个轴向上的缩放进行精确设置。

图2.2-15

2.2.12 渲染类工具

在 C4D 中，渲染类工具是用于控制和优化场景渲染过程的重要组件，它们对于生成最终视觉效果至关重要。其详细工具如图 2.2-16 所示。

其作用如下：

● 控制渲染参数

允许用户设置渲染的分辨率、质量和其他参数。

● 优化渲染效果

通过调整光照、阴影和材质等参数，优化最终的渲染效果。

● 加速渲染过程

提供多种方式来加速渲染过程，如使用代理对象或降低细分级别。

● 预览和调整

提供实时预览功能，帮助用户在渲染前预览效果并进行调整。

图2.2-16

2.3 雕刻工具

雕刻建模是一种独特的三维建模技术，它允许在数字空间中以直观的方式精细地塑造形象。这种技术仿佛让模型对象变成了一块可塑的黏土，可以自由地添加凹凸细节，赋予模型真实的立体感，让它们栩栩如生地呈现。雕刻建模不仅是一种技术，更是一种艺术创作过程。

C4D 提供了一个功能强大的雕刻模块，它不仅能够进行基础雕刻，还可以进行多级别的雕刻工作。这意味着每一个雕刻步骤都可以被保留和独立修改，提供了极大的灵活性和控制力。这种多级别雕刻的特性，使得 C4D 在雕刻建模领域中独树一帜。

在 C4D 的菜单栏中，可以找到一系列基础的雕刻工具。为了更深入地进行雕刻工作，通常会切换到专门的 "Sculpt" 界面，如图 2.3-1 所示。这是 C4D 系统默认的雕刻界面，它提供了一个直观且功能丰富的工作环境。值得注意的是，雕刻工具仅对可编辑对象起作用，因此在开始雕刻之前，需要确保模型对象已经被转换为可编辑状态。

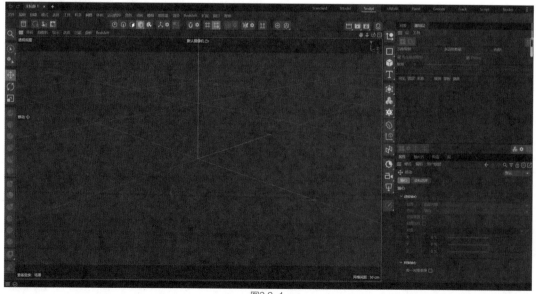

图2.3-1

2.3.1 雕刻图层管理器

通过雕刻图层管理器下方的图标，可以对层进行一些操作，也可以右击层，在弹出的快捷菜单中选择相应的命令进行操作，它们的功能是相同的。

雕刻中的图层不能通过按 Delete 键直接删除，而是要通过"删除层"功能来操作。

2.3.2 雕刻笔刷的属性

笔刷如图 2.3-2 所示。

雕刻笔刷的属性基本类似，这里以绘制笔刷为例。

图2.3-2　　　　　　　图2.3-3

1 "基本"选项卡参数

绘制笔刷的"基本"选项卡参数如图 2.3-3 所示。

（1）链接尺寸 / 链接强度 / 链接拓印

如果启用了这 3 个选项之一，该值将被应用于其他笔刷。

（2）背面

启用后，可以在多边形的背面进行雕刻，在背面雕刻时，笔刷指针的颜色为蓝色。

（3）保持可视尺寸

启用后，笔刷的大小与视窗的大小成比例，在对窗口进行缩放时，笔刷的大小会跟着进行缩放；禁用后，无论视图如何缩放，笔刷都会保持同一个尺寸大小。

（4）预览模式

定义在鼠标指针周围显示的笔刷预览模式。

2 "设置"选项卡参数

绘制笔刷的"设置"选项卡参数如图 2.3-4 所示。

（1）尺寸

可以通过这里的滑块修改笔刷的大小，也可以在视窗中按住鼠标中键左右拖动，更改笔刷的大小。

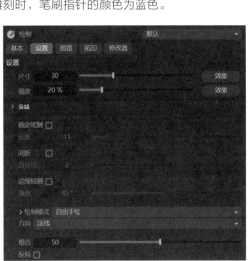

图2.3-4

（2）强度

压力值越大，笔刷的强度越大。用户可以通过滑块修改笔刷强度，也可以在视窗中按住鼠标中键上下拖动，更改笔刷的强度。

（3）稳定笔触

启用后，可以更轻松地创建笔直的笔触。

（4）间距 / 百分比

定义笔刷之间的距离。

3 "图章"选项卡参数

绘制笔刷的"图章"选项卡参数如图 2.3-5 所示。

（1）图章

启用 / 禁用图章功能。

图2.3-5

（2）图像

通过加载黑白位图来定义图章效果。

（3）材质

图章效果既可以使用图像来定义，也可以使用材质来定义。可以读取材质中的黑白信息，将此黑白信息作为笔刷的效果。

4 "拓印"选项卡参数

绘制笔刷的"拓印"选项卡参数如图 2.3-6 所示。

（1）拓印

启用 / 禁用拓印效果。

（2）图像

可以加载一张位图作为拓印模板。

（3）透明度

定义拓印模板在视觉中的透明度。

图2.3-6

（4）角度

即旋转，可以直接在属性栏中修改，也可以按住 T 键通过鼠标中键来进行旋转。

（5）缩放

可以直接在属性栏中修改，也可以按住 T 键通过鼠标右键来进行缩放。

（6）变化

即移动，可以直接在属性栏中修改，也可以按住 T 键通过鼠标左键来进行移动。

（7）平铺 X/ 平铺 Y

定义拓印模板在视窗中是否平铺。

（8）翻转 X/ 翻转 Y

定义拓印模板水平 / 垂直翻转。

5 "修改器"选项卡参数

绘制笔刷的"修改器"选项卡参数如图 2.3-7 所示。

启用修改器后，可以改变对象的"平滑""挤捏""膨胀"程度。

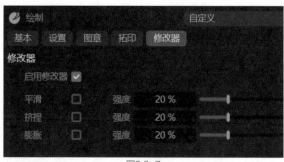

图2.3-7

03 第3章

内置几何体建模

C4D 的内置几何体建模工具为用户提供了从基本形状到复杂结构的多样化建模选项，包括参数化对象，如立方体、球体和圆柱体等，它们是构建 3D 模型的基础。这些工具结合多边形和 NURBS 建模技术，使得用户能够精确地编辑和细化模型。

C4D 的天空和地板背景工具，如物理天空、HDRI 环境和地形对象，为场景提供了逼真的光照和反射效果，以及丰富的地面纹理和形态，极大地增强了场景的真实感和视觉冲击力。这些工具共同构成了 C4D 强大的建模和场景构建能力，使用户能够轻松地创造出从简单到高度复杂的 3D 作品。

3.1 内置几何体工具概括

C4D 提供了丰富的内置几何体工具，如图 3.1-1 所示，供用户快速创建各种基本形状和复杂的 3D 模型。这些内置几何体工具是 C4D 建模工作的基础，用户可以通过这些工具快速构建模型，并通过参数调整、变形、布尔运算等技术进一步编辑和细化模型。随着对 C4D 的深入学习，用户可以使用这些工具创建出各种复杂的 3D 场景和动画。

图3.1-1

3.2 立方体

C4D 的立方体工具是入门 3D 建模的一个很好的起点，它简单易用，功能强大，可以帮助用户快速构建 3D 场景和模型。随着对软件的深入学习，用户可以使用立方体和其他工具创造出更加复杂和精细的 3D 作品。

单击右侧面板中的"立方体"工具，就会在视图窗口中自动创建一个相应的模型。

3.2.1 尺寸

在立方体的"对象"选项卡中，允许用户对立方体的尺寸和分段进行详细控制。如图 3.2-1 所示，这些参数允许用户自定义立方体的长、宽、高，可以输入具体的数值或使用滑块进行调整。

图3.2-1

1 尺寸 .X

控制立方体在 X 轴方向上的长度，尺寸 .X 设置为 400cm，其他尺寸设置为 200cm，其效果如图 3.2-2 所示。

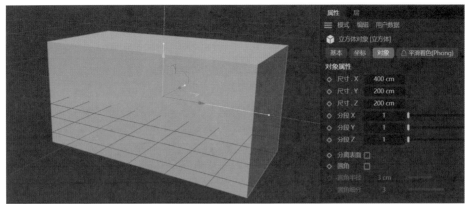

图3.2-2

2 尺寸.Y

控制立方体在 Y 轴方向上的长度，尺寸.Y 设置为 400cm，其他尺寸设置为 200cm，其效果如图 3.2-3 所示。

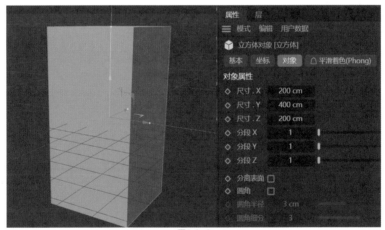

图3.2-3

3 尺寸.Z

控制立方体在 Z 轴方向上的长度，尺寸.Z 设置为 400cm，其他尺寸设置为 200cm，其效果如图 3.2-4 所示。

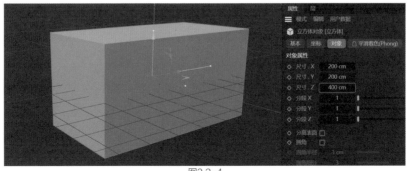

图3.2-4

3.2.2 分段

增加分段可以使立方体表面增加更多面，为更丰富的建模做
准备，通常用于提高模型的渲染质量，尤其是在需要平滑过渡或
更复杂的表面细节的情况下，其属性栏如图 3.2-5 所示。

图3.2-5

1 分段 X

控制立方体在 X 轴方向上的分段数量，如图 3.2-6 所示。

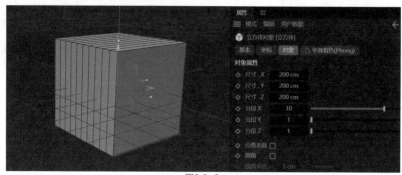

图3.2-6

2 分段 Y

控制立方体在 Y 轴方向上的分段数量，如图 3.2-7 所示。

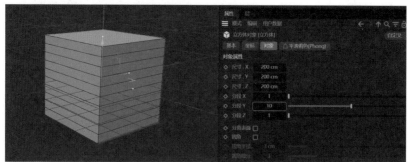

图3.2-7

3 分段 Z

控制立方体在 Z 轴方向上的分段数量，如图 3.2-8 所示。

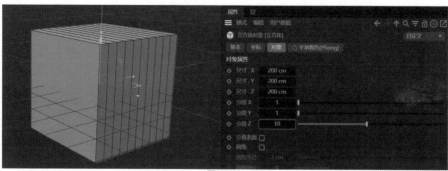

图3.2-8

3.2.3 圆角

"圆角"工具用于在物体的边缘或角落添加平滑的过渡，从而避免产生尖锐的棱角。勾选"圆角"复选框后，模型原本的锐角会变为圆角，如图 3.2-9 所示。"圆角半径"控制圆角的大小。"圆角细分"控制圆角的分段数量，数值越大，圆角越圆滑。其效果如图 3.2-10 所示。

图3.2-9   图3.2-10

3.3 平面

"平面"工具是创建二维平面的基础工具，它可以用来生成一个有限的平面区域。C4D 的"平面"工具是 3D 建模中非常基础且功能较多的工具，无论是在创建简单的形状还是在复杂的建模和动画项目中，"平面"都扮演着重要的角色。

通过长按右侧工具栏中的"立方体"，然后选择"平面"工具来创建一个新的平面对象，其属性栏如图 3.3-1 所示。

3.3.1 宽度和高度

图3.3-1

宽度和高度分别控制平面在 X 轴和 Z 轴方向上的尺寸，如图 3.3-2 所示。在属性栏的"对象"选项卡中，可以输入具体数值（或拖动滑块），以调整平面的宽度、高度。

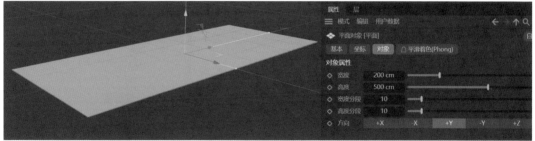

图3.3-2

3.3.2 分段

平面的分段控制平面在 X 轴和 Z 轴方向上的分段数量，增加分段可以增加平面的面数，如图 3.3-3 所示为将 X 轴和 Z 轴的分段数量都增加到 50 的效果。分段的多少会影响模型的精度，例如用平面模拟布料、水面、山体时，分段越多，模拟的物体越自然，对计算机性能要求也就更高。

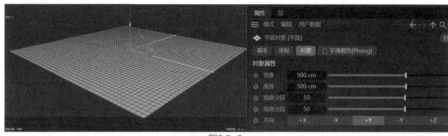
图3.3-3

3.4 球体

通过长按右侧工具栏中的"立方体"，然后选择"球体"工具来创建一个新的球体对象。

"球体"工具是创建球体对象的基础工具，它可以用来生成完美的球体、半球体或任何其他圆形的 3D 模型。球体对象的属性栏如图3.4-1 所示。

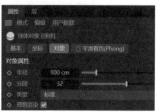
图3.4-1

3.4.1 半径

"半径"用来控制球体的大小，可以通过输入具体数值或拖动滑块调整球体的半径数据，从而改变球体的大小，如图3.4-2 所示为 100cm 半径大小的球体。

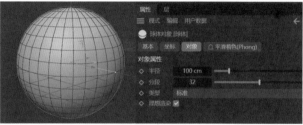
图3.4-2

3.4.2 分段

"分段"参数决定了球体多边形的细分数量，如图 3.4-3 所示为分段 8 时的效果，如图 3.4-4 所示为分段 32 时的效果。增加分段的数量可以使球体表面更加平滑、细腻，而分段少会导致表面显得粗糙，接近几何切面的效果。

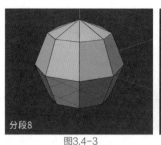

分段8
图3.4-3

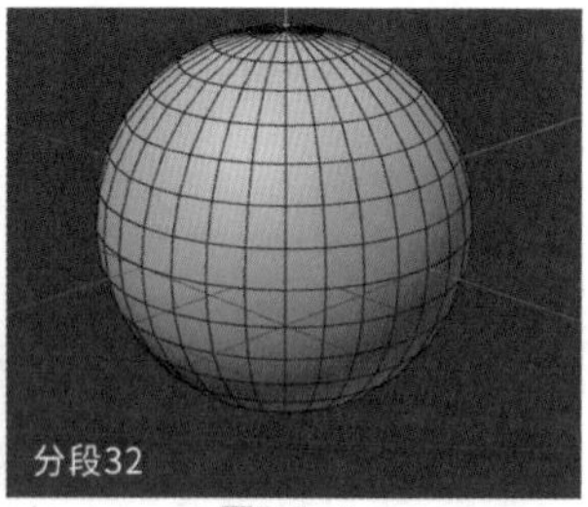

分段32
图3.4-4

3.4.3 类型

球体对象的属性栏中预设的类型如图 3.4-5 所示，通过更改球体类型可以获得不同网格分布的球体，用于不同需求的模型制作中。"标准"对应标准球体。

1 半球体

"半球体"为标准球体的一半，如图3.4-6 所示，通常用于制作天空球、纽扣、螺帽或任何仅半个球体的模型。

2 四面体

将球体对象属性栏中的类型调整为"四面体"时，所生成的几何体并不是传统意义上的球体，而是一个由 4 个三角形面组成的多面体。这种

图3.4-5

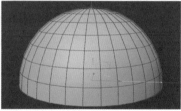
图3.4-6

四面体也称为正四面体，是最简单的多面体之一，每个面都是一个等边三角形，且每个顶点连接到 3 个面。分段为 32 的四面体接近于球体，如图 3.4-7 所示。

选择"四面体"作为类型，通常不是为了创建一个圆形的球体，而是为了制作具有特定几何特性的模型，例如在科学可视化、分子模型构建，或者特定的艺术和设计项目中使用。

将"四面体"的分段调整到最小数量"3"则会获得一个每个面都是等边三角形的正四面体，如图 3.4-8 所示。

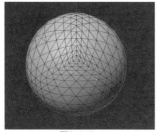
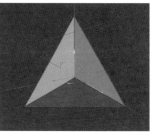

图3.4-7   图3.4-8

3 六面体

将球体对象属性栏中的类型调整为"六面体"，实际上生成的是一个立方体，它由 6 个正方形面组成，每个面都是一个平面多边形。当段数为 32 时，生成的六面体接近于球体，效果如图 3.4-9 所示。

通常在制作头部模型时使用"六面体"模型，这样通过挤压、雕刻等变形操作时网格与网格之间的变化比较均匀，完成后的模型自然流畅，标准球体越接近球体，两端的网格越密集，中间越稀疏，这样的网格不利于复杂的变形操作。

"六面体"的最小段数也为 3，呈现效果为一个立方体，如图 3.4-10 所示。每增加 3 段，从立方体中切分一次，段数越大越接近球体。

4 八面体

选择"八面体"作为类型，会

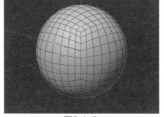

图3.4-9   图3.4-10

生成一个具有 8 个等边三角形面的正八面体。这种几何形状以其顶点和边在空间中均匀分布而著称，"八面体"的对称性和几何特性使其在设计和视觉效果中具有独特的应用，如模拟分子结构或创造具有特定对称性的 3D 模型，如图 3.4-11 所示为"八面体"分段为 32 时的效果。

当"八面体"的段数为 3 时，呈现效果为一个上下相连的由正四面体组成的八面体，如图 3.4-12 所示。每增加 4 段，从中切分一次，段数越大越接近球体。

5 二十面体

"二十面体"这种结构虽然不呈现为圆润的球体，但其规则的多面体形态在经过细分之后，可以生成接近球体表面的光滑外观，非常适合在 3D 建模中用于创建具有高度对称性的复杂模型。如图 3.4-13 所示为"二十面体"分段为 32 时的效果。

将"二十面体"的分段设置为 3，将得到一个由 12 个顶点和 30 条边组成的几何形状，它拥有 20 个等边三角形面，如图 3.4-14 所示。

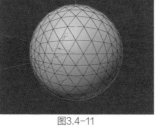

图3.4-13   图3.4-14

3.5 圆柱体

通过长按右侧工具栏中的"立方体"，然后选择"圆柱体"工具来创建一个新的圆柱对象。

"圆柱体"工具是创建圆柱对象的基本工具，它广泛应用于 3D 建模中，用于生成具有一定高度和半径的圆柱体。其属性栏如图 3.5-1 所示。

图3.5-1

3.5.1 对象属性

圆柱体的参数设置比前面提到的几种模型稍显复杂。对象属性是常规的几何体属性，主要用于调整圆柱体的大小和分段。

1 半径

"半径"用于调整圆柱体的粗细，半径为 200cm 的圆柱体如图 3.5-2 所示。

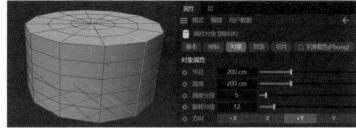

图3.5-2

2 高度

"高度"用于调整圆柱体的高度，高度为 600cm 的圆柱体如图 3.5-3 所示。

3 分段

圆柱体的分段参数有"高度分段"和"旋转分段"，"高度分段"控制圆柱体高度上的分段

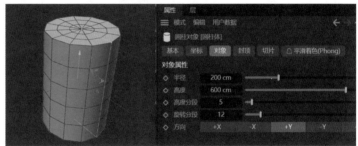

图3.5-3

数量，分段为 1 和分段为 50 时的效果分别如图 3.5-4 和图 3.5-5 所示。减少段数不会产生形变，只有在添加弯曲等使圆柱体变形的修改器时，高度分段的差异才会体现。

"旋转分段"则不同，因为"旋转分段"控制圆柱体的圆滑度，最小分段为 3，呈现为三棱柱，如图 3.5-6 所示。其数值越大，横截面越接近标准圆，如图 3.5-7 所示。

图3.5-4

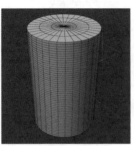

图3.5-5

图3.5-6

图3.5-7

4 方向

方向分别设置了 X、Y、Z 3 个轴的正负方向，一共 6 个朝向，如图 3.5-8 所示，单击即可改变圆柱体的朝向。在使用切片设置时，方向的重要性即可体现，不同的方向可以在切片时有不同的切割方向。

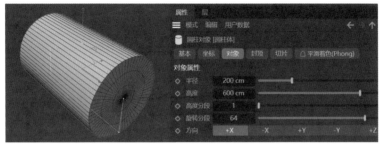

图3.5-8

3.5.2 封顶

默认情况下，圆柱体的"封顶"复选框是被勾选的，这意味着圆柱体的两端是封闭的。如果取消勾选这个复选框，如图 3.5-9 所示，圆柱体的两端将变为开放状态，形成一种空心效果，如图 3.5-10 所示。

图3.5-9

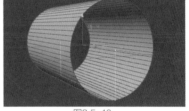

图3.5-10

圆柱体的封顶面同样可以设置分段参数，如图 3.5-11 所示为分段为 10 的效果，圆柱体的横切面会产生 10 个同心圆分段。

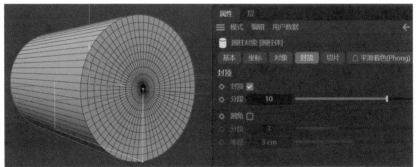

图3.5-11

3.5.3 圆角

圆柱体的"圆角"和立方体的"圆角"相同，其作用是将物体的倒角进行圆滑处理，使物体的边缘圆滑，参数设置如图 3.5-12 所示，分段控制圆角的圆滑度，半径控制圆角的大小。

图3.5-12

分段为 3、半径为 30cm 的圆角效果如图 3.5-13 所示。

3.5.4 切片

勾选"切片"复选框后，圆柱体会呈现出类似被切割蛋糕的不完整形态，如图 3.5-14 所示。

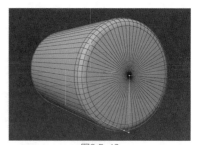

图3.5-13

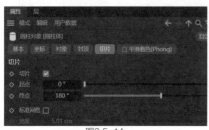

图3.5-14

通过调整"起点"和"终点"的值，如图 3.5-15 所示，用户可以精确地控制圆柱体被切割的程度，从而决定其完整性。此时，圆柱体的方向不同会导致切片的起点和终点控制的方向不同。

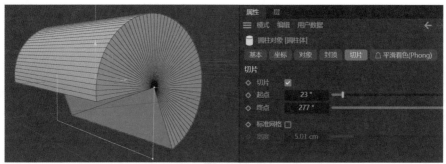

图3.5-15

"标准网格"用于控制切片面的网格布线，数值越小网格越多，这里的网格多少与"分段"参数类似，用于改变物体的细分程度，如图 3.5-16 所示。

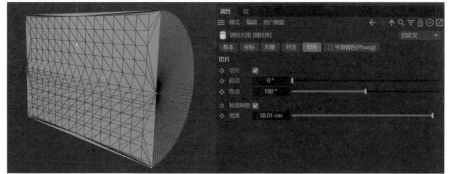

图3.5-16

3.6 圆盘

通过长按右侧工具栏中的"立方体"，然后选择"圆盘"工具来创建一个新的圆盘对象。

3.6.1 对象属性

圆盘类似于单独取出了圆柱体的顶面，其属性栏如图 3.6-1 所示。"外部半径"用于控制圆盘参数的大小，"内部半径"可以将圆盘改为圆环，其余参数的作用与圆柱体相同。

"外部半径"为 100cm、"内部半径"为 80cm 的圆环，如图 3.6-2 所示。

图3.6-1

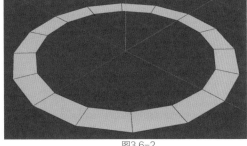

图3.6-2

3.6.2 切片

"切片"设置也与圆柱体相同，勾选后如图 3.6-3 所示，状态如图 3.6-4 所示，通过调整起点、终点和对象属性中的方向，可以改变切片的状态。

图3.6-3

图3.6-4

3.7 管道

通过长按右侧工具栏中的"立方体"，然后选择"管道"工具来创建一个新的管道对象。

3.7.1 对象属性

"管道"工具类似于在圆柱体的基础上增加了内部半径的设置，可以将实心的圆柱体更改为空心的管道，其属性栏如图 3.7-1 所示，状态如图 3.7-2 所示，其调整方式与圆柱体和圆盘相同。

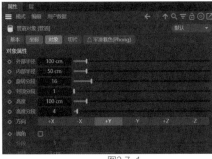

图3.7-1

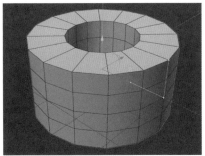

图3.7-2

3.7.2 切片

　　"切片"属性也与圆柱体设置相同，"标准网格"用于调整切面的细分。其属性栏如图 3.7-3 所示，状态如图 3.7-4 所示。

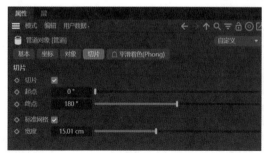

图3.7-3

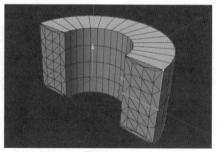

图3.7-4

3.8 油桶

　　通过长按右侧工具栏中的"立方体"，然后选择"油桶"工具来创建一个新的油桶对象。

　　"油桶"工具类似于在圆柱体的基础上使其两端鼓起，其属性栏如图 3.8-1 所示。其调整方式与圆柱体相同，增加了"封顶高度"，用于调节两端的突出程度，如图 3.8-2 所示。其切片方式也与圆柱体相同，状态如图 3.8-3 所示。

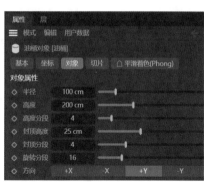

图3.8-1

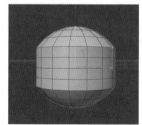

图3.8-2

图3.8-3

3.9 胶囊

　　通过长按右侧工具栏中的"立方体"，然后选择"胶囊"工具来创建一个新的胶囊对象。

　　不同于"油桶"工具，胶囊两端是标准的半球体，且不可调节，其属性栏如图 3.9-1 所示。在固定高度的情况下，其半径有调节上限。

　　新建高度为 360cm、半径为 100cm 的标准胶囊体，如图 3.9-2 所示。半径的上限为高度的一半，此时将半径调整为 180cm，胶囊体会变成球体，如图 3.9-3 所示。

　　胶囊的切片与其他几何体类似，可以方便地剖切胶囊体，如图 3.9-4 所示。

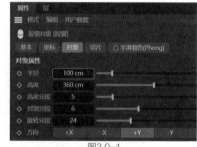

图3.9-1

图3.9-2

图3.9-3

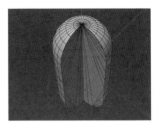
图3.9-4

3.10 圆锥体

通过长按右侧工具栏中的"立方体"，然后选择"圆锥体"工具来创建一个新的圆锥体对象，其属性栏如图 3.10-1 所示。

通过调整"顶部半径"可以将圆锥变成圆台，如图 3.10-2 所示。

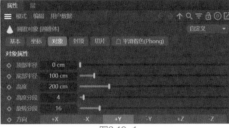
图3.10-1

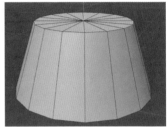
图3.10-2

在"封顶"选项卡中勾选"顶部"和"底部"复选框，可以分别调整圆台上半部分和下半部分的圆角大小和分段，属性如图 3.10-3 所示，状态如图 3.10-4 所示。

圆锥也可以切片，状态如图 3.10-5 所示，参数设置与其他几何体相同。

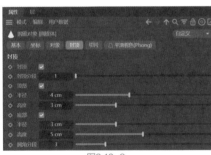
图3.10-3

图3.10-4

图3.10-5

3.11 金字塔

通过长按右侧工具栏中的"立方体"，然后选择"金字塔"工具来创建一个新的金字塔对象，其属性栏如图 3.11-1 所示。

图3.11-1

分段为 1 时，金字塔为一个四棱锥，如图 3.11-2 所示。当增加分段，调整为 10 时，金字塔表面上还是一个四棱锥，但网格像金字塔一样一层一层细分了三角面，通过这些三角面可以制作更多元的模型，如图 3.11-3 所示。

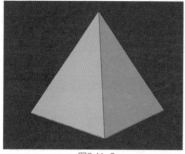

图3.11-2

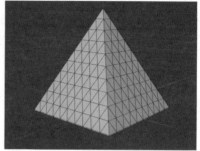

图3.11-3

3.12 圆环体

通过长按右侧工具栏中的"立方体"，然后选择"圆环体"工具来创建一个新的圆环体对象，其属性栏如图 3.12-1 所示，状态如图 3.12-2 所示。"圆环半径"用于控制圆环的大小，"导管半径"用于控制圆环管的粗细，分段和切片设置与其他几何体相同。

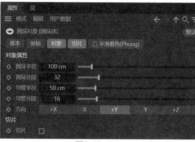

图3.12-1

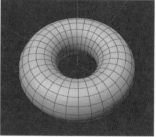

图3.12-2

3.13 宝石体

通过长按右侧工具栏中的"立方体"，然后选择"宝石体"工具来创建一个新的宝石体对象，其属性栏如图 3.13-1 所示。

宝石体的类型分类和球体类似，如图 3.13-2 所示。

最常用的宝石体类型为"二十面"，如图 3.13-3 所示，是由 20 个等边三角形组合而成的宝石体。不同于球体的是，宝石体增加分段不会接近球体，而是在保持原有形状的基础上细分表面，如图 3.13-4 所示分段为 10 的状态。

图3.13-1

图3.13-2

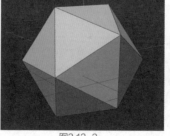

图3.13-3

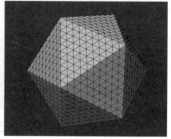

图3.13-4

"四面"宝石体是由 4 个等边三角形组成的四棱锥，如图 3.13-5 所示。

"六面"宝石体是由 6 个正方形组成的正方体，如图 3.13-6 所示。

"八面"宝石体是由 8 个等边三角形组成的几何体，如图 3.13-7 所示。

图3.13-5

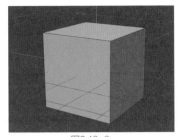
图3.13-6

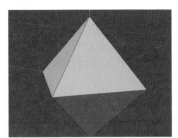
图3.13-7

"十二面"宝石体是由 12 个等边五边形组成的几何体。由于模型通常由三角形和四边形细分，所以五边形被切分为一个正方形和一个三角形，如图 3.13-8 所示。

"碳原子"宝石体具有 60 个顶点、32 个面，其中包括 12 个正五边形和 20 个正六边形，如图 3.13-9 所示。

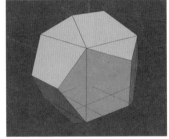
图3.13-8

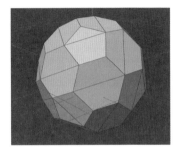
图3.13-9

3.14 多边形

通过长按右侧工具栏中的"立方体"，然后选择"多边形"工具来创建一个新的多边形对象，其属性栏如图 3.14-1 所示。

在不勾选"三角形"复选框的情况下，多边形对象与平面对象类似是四边形，通过增加分段增加的细分面也是四边形，如图 3.14-2 所示。

勾选"三角形"复选框后，多边形状态为

图3.14-1

等边三角形，如图 3.14-3 所示。通过增加分段增加的细分面也是三角形，有了这两种基础状态，再通过点、线、面的调整可以自由制作出由四边面或三边面细分的网格。

图3.14-2

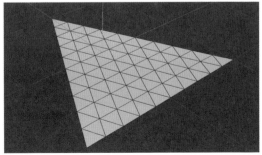
图3.14-3

3.15 人形素体

通过长按右侧工具栏中的"立方体",然后选择"人形素体"工具来创建一个新的人形素体对象,其属性栏如图 3.15-1 所示,在未编辑状态下只可以调整高度和分段。

"人形素体"的基础状态如图 3.15-2 所示,呈现出人物的手臂张开的基础姿势。

图3.15-1

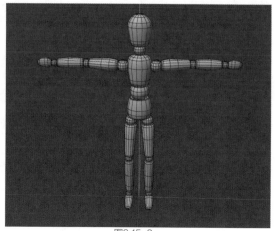

图3.15-2

选中人形素体对象按下 C 键,将其转为可编辑状态,如图 3.15-3 所示。"人形素体"会变成由各个关节组成的人物物体,选中对应关节可以通过旋转、位移调整姿势。

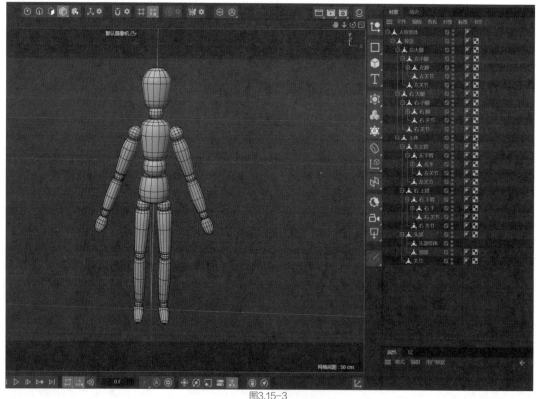

图3.15-3

3.16 贝塞尔

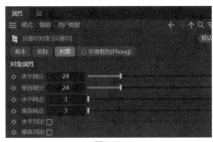

图3.16-1

通过长按右侧工具栏中的"立方体",然后选择"贝塞尔"工具来创建一个新的贝塞尔对象,其属性栏如图3.16-1所示。

"贝塞尔"工具是一种基于贝塞尔曲线的建模工具,在初始参数下,贝塞尔对象看起来和平面对象一样,如图3.16-2所示。通过调整"水平封闭""垂直封闭""水平网点""垂直网点",贝塞尔对象会呈现多种曲线状态。

打开"水平封闭","水平网点"为3的状态如图3.16-3所示。增加"水平网点"不会变为圆形,只会越来越接近圆形。

如图3.16-4所示为同时打开"水平封闭"和"垂直封闭"的状态,"水平网点"为5、"垂直网点"为7,得到类似圆环的物体,但是增加网点和细分同样不会完全变成圆环,而是接近圆环。

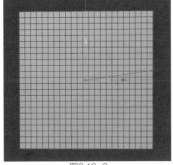

图3.16-2

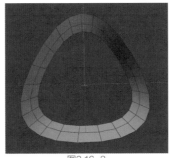

图3.16-3

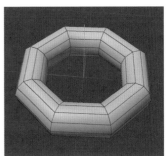

图3.16-4

3.17 地形

通过长按右侧工具栏中的"立方体",然后选择"地形"工具来创建一个新的地形对象,其属性栏如图3.17-1所示,初始状态如图3.17-2所示。

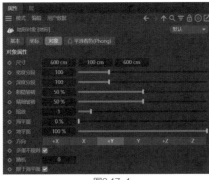

图3.17-1

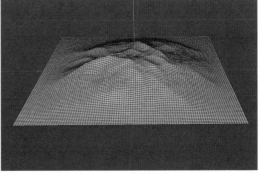

图3.17-2

3.17.1 皱褶

地形的皱褶,可以分别调整"粗糙皱褶"和"精细皱褶"。

"粗糙皱褶"为100%、"精细皱褶"为0%的状态,只有大的起伏,如图3.17-3所示。

"粗糙皱褶"为 100%、"精细皱褶"为 100% 的状态，在大的起伏上叠加小的起伏，如图 3.17-4 所示。

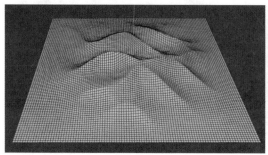
图3.17-3

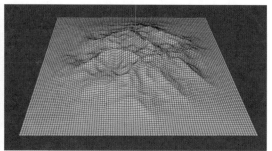
图3.17-4

3.17.2 缩放

"缩放"改变的是山体起伏的宽度，将缩放数值调整为小于 1，山体的起伏较小，如图 3.17-5 所示；将缩放数值调整为大于 10，山体的起伏会非常剧烈，如图 3.17-6 所示。

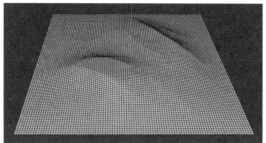
图3.17-5

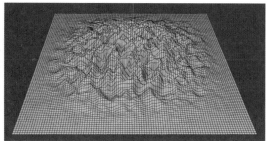
图3.17-6

3.17.3 海平面

"海平面"调整的是山体的下限，将海平面调整为 50%，效果如图 3.17-7 所示。

3.17.4 地平面

"地平面"调整的是山体的上限，将地平面调整为 50%，效果如图 3.17-8 所示。海平面和地平面的参数需要相对调整，而非绝对值。

图3.17-7

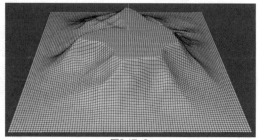
图3.17-8

3.17.5 多重不规则

勾选"多重不规则"复选框后，山体的边缘会有更多不规则的棱角，效果如图 3.17-9 所示；不勾选时的效果比较圆滑，如图 3.17-10 所示。

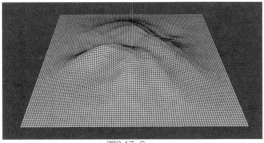 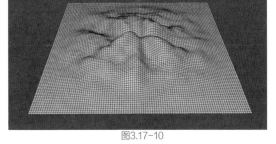

图3.17-9   图3.17-10

3.17.6 随机

"随机"参数无上限，在调整好想要的山体的高度、宽度等参数后，如果想要改变山体的外形，可以调整"随机"参数。其他参数完全一致，"随机"数值不同时的效果如图 3.17-11 和图 3.17-12 所示。

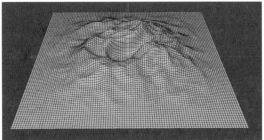 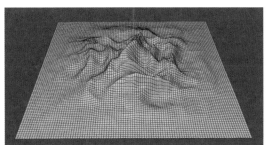

图3.17-11   图3.17-12

3.17.7 限于海平面

前面图中的变化仅限于勾选了"限于海平面"复选框，不勾选时的状态如图 3.17-13 所示。

3.17.8 限于球体

勾选"限于球体"复选框时的效果如图 3.17-14 所示，将山体变化基于的平面改为球体。

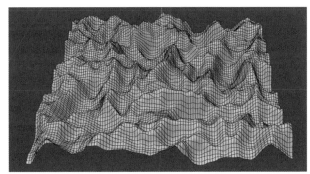 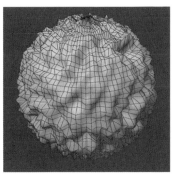

图3.17-13   图3.17-14

3.18 背景板

通过长按右侧工具栏中的"立方体"，然后选择"Backdrop"工具来创建一个新的背景板对象，其属性栏如图 3.18-1 所示。

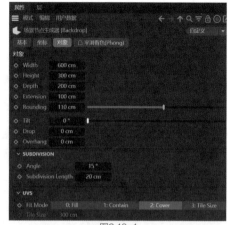

图3.18-1

3.18.1 Rounding

背景板的初始状态如图 3.18-2 所示，"Rounding"用于控制背景板的弧度，初始状态为 50cm，调整为 200cm 时的状态如图 3.18-3 所示。

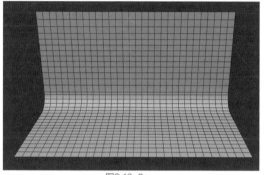

图3.18-2

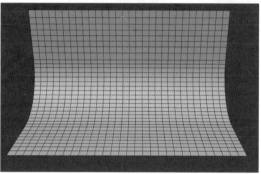

图3.18-3

3.18.2 Tilt

"Tilt"用于调整背景板的弯折弧度，调整为 45° 时的状态如图 3.18-4 所示，调整为 90° 时背景与地面齐平。"Tilt"也可以为负值，调整为负值，背景会越来越接近地面，如图 3.18-5 所示为 -45° 时的状态。

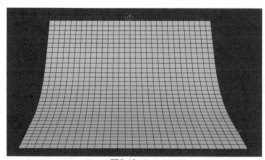

图3.18-4

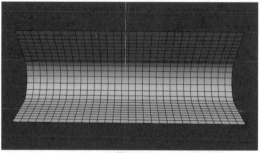

图3.18-5

3.18.3 Drop

"Drop"开启后，背景板的地平面会增加一个向下的转折，如图 3.18-6 所示是 Drop 为 170° 的状态。如果 Drop 为负值，则会变为向上延伸的状态，如图 3.18-7 所示为 -170° 时的状态。

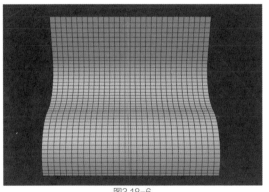

图3.18-6

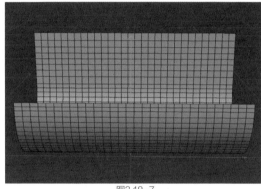

图3.18-7

⚫ 3.18.4 Overhang

"Overhang" 开启后，背景板的上沿会增加一个向上的转折，如图 3.18-8 所示为 Overhang 为 170° 的状态。如果 Overhang 为负值，则会反方向延伸，如图 3.18-9 所示为 –170° 的状态。

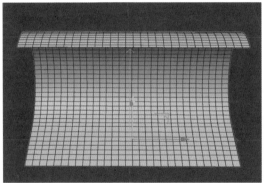

图3.18-8

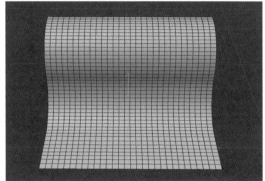

图3.18-9

3.19 空白多边形

通过长按右侧工具栏中的"立方体"，然后选择"空白多边形"工具来创建一个新的空白多边形对象。空白多边形虽然在初始状态下没有填充，但它是一个灵活的建模工具，常用作场景中的占位符、动画路径的基础、动力学模拟中的碰撞对象，或者作为脚本和程序化建模的起点。它还可以控制渲染过程中的可见性或作为景深的聚焦对象。

空白多边形没有可编辑的属性栏，其初始状态如图 3.19-1 所示。

图3.19-1

3.20 文本

通过单击右侧工具栏中的"文本工具"，然后选择"文本"工具来创建一个新的文本对象。

"文本"工具允许用户将文本字符转换成 3D 对象，这在创建标题、标志或任何需要文字表达的

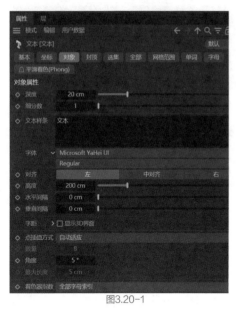

图3.20-1

场景中非常有用。该工具不仅可以用于创建静态的 3D 文本，还可以用于制作动态的文本动画。其属性栏如图 3.20-1 所示。

3.20.1 对象属性

"深度"参数用于设置文本模型的厚度，即文本从平面延伸出来的程度，增加深度可以使文本具有更显著的立体效果，适合需要强调文字形状的场景，如图 3.20-2 所示为深度是 100cm 的效果。

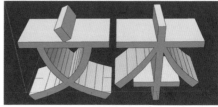

图3.20-2

"高度"参数用于设置文本模型的整体大小，即文本在垂直方向上的尺寸，数值越大，文本模型在视觉上越大。

"水平间隔"和"垂直间隔"分别控制横向和纵向的字间距。

3.20.2 文本样条

文本样条的内容决定了文本模型的内容，在"字体"下拉列表框中，可以选择计算机内已安装的字体作为模型字体，还可以更改文本的对齐方式。参数如图 3.20-3 所示，更改文本样条为"789"的效果如图 3.20-4 所示。

图3.20-3

图3.20-4

3.20.3 封顶

"封顶"选项卡如图 3.20-5 所示，默认情况下封顶的"起点"和"终点"处于勾选状态，如果取消勾选

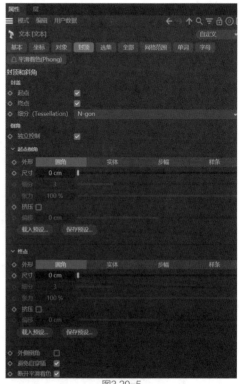

图3.20-5

封顶的"起点"和"终点"，效果如图 3.20-6 所示，文字将只有边缘面。

通过"细分"可以改变封盖面的面组成类型。

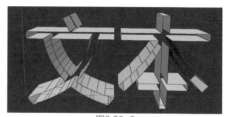

图3.20-6

3.20.4 倒角

"倒角"可以选择"独立控制"或两者均倒角可以是简单的直线倒角，也可以是更复杂的曲线倒角，参数控制如图 3.20-7 所示。

"圆角"如图 3.20-8 所示。

"实体"如图 3.20-9 所示。

"步幅"如图 3.20-10 所示。

图3.20-7

在"样条"选项下可以通过曲线控制倒角的弧度，如图 3.20-11 所示。

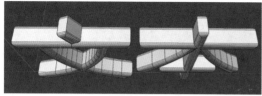

图3.20-8

图3.20-9

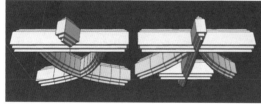

图3.20-10

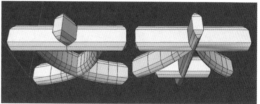

图3.20-11

3.21 场景工具的使用

C4D 的"场景"工具是指一系列用于管理和组织 3D 场景中元素的工具和功能。这些工具对于维护复杂的场景结构、提高工作效率以及进行有效的场景渲染至关重要。注意需要将渲染设置调整为"标准"模式下才会有对应工具，如图 3.21-1 所示。

图3.21-1

3.21.1 天空

C4D 的"天空"工具是创建和模拟天空环境的一系列功能，包括天空的光照、颜色和大气效果。这些工具对于为 3D 场景设置逼真的环境光和背景至关重要。通过使用"天空"工具，用户可以轻松地为自己的 3D 作品添加丰富和动态的天空背景。

单击右侧工具栏中的"天空"按钮，如图 3.21-2 所示，在视图窗口中会自动创建一个相应的模型。用户也可以按下 Shift+C 键搜索"天空"，获得对应物体，如图 3.21-3 所示。

"天空"模型在 C4D 中是一种

图3.21-2

图3.21-3

特殊的环境模型，它通常呈现为一个巨大的球体，其尺寸足以覆盖场景中的所有对象。创建天空球体模型的目的是模拟一个全方位的背景，为场景提供一致的环境光照和反射信息，需要配合 HDRI 材质一起使用，如图 3.21-4 所示。

图3.21-4

图3.21-5

步骤01 双击材质面板新建一个材质球，如图 3.21-5 所示。

步骤02 在材质编辑器中关闭其他勾选，只保留"发光"，并在"发光"下的"纹理"中贴入 HDRI 贴图，如图 3.21-6 所示。

步骤03 HDRI 贴图可以从外部下载，也可以在 C4D 中按下 Shift+F8 键搜索预设的 HDRI 贴图，如图 3.21-7 所示。

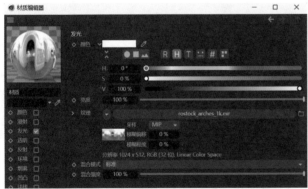

图3.21-6

图3.21-7

步骤04 将 HDRI 材质球赋予天空，如图 3.21-8 所示。

如果希望在工作视图中隐藏天空模型，以便于更清晰地查看场景中的其他对象，但又想保留其在渲染时的光照效果，可以按照以下步骤操作：

图3.21-8

在 C4D 的"对象管理器"中，找到并选中"天空"对象。单击鼠标右键调出快捷菜单，选择"标签"，然后选择"合成"。在随后打开的属性栏中，找到与视图可见性相关的设置，将"视图可见"复选框关闭，这样天空模型就不会在视图窗口中显示。

通过这种方式，虽然在视图窗口中不再显示天空模型，但是在最终的渲染输出中，天空模型所提供的光影效果依然会被正确渲染出来。这使得创作者可以专注于场景中其他对象的建模和布局，同时确保渲染结果的光照效果不受影响。

3.21.2 地板

长按右侧工具栏中"天空"按钮，在下拉菜单中选择"地板"工具，在视图窗口中会自动创建一个相应的模型。用户也可以按下 Shift+C 键搜索"地板"，获得对应物体，如图 3.21-9 所示。

图3.21-9

C4D 的"地板"模型（在某些版本中可能被称为"地面"）本质上是一个平面对象，但是在渲染时会呈现出一种无限延伸的视觉效果，给人一种无边无际的广阔感。这个特性使得它非常适合用作场景的基底。

"地板"工具与基本的"平面"工具在创建方法上相似，都是通过定义一个初始的平面开始。它们之间的区别在于"地板"模型在视觉上没有可见的边界，即使在相机视野的边缘，它看起来也是连续的，这使得它在渲染时能够创造出一种无限延伸的错觉，如图 3.21-10 所示。

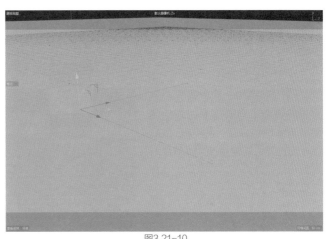

图3.21-10

这种无限延伸的特性，让"地板"模型成为创建广阔空间或模拟真实世界环境的理想选择，因为它可以避免在渲染图像中出现不自然的平面边界，从而增强了场景的真实感和沉浸感。

3.21.3 背景

长按右侧工具栏中的"天空"按钮，在下拉菜单中选择"背景"工具，在视图窗口中会自动创建一个相应的模型。用户也可以按下 Shift+C 键搜索"背景"，获得对应物体，如图 3.21-11 所示。

图3.21-11

"背景"工具在 C4D 中用于定义场景的视觉边界，它本身不是一个具有实体形状的对象，而是通过应用材质和贴图来实现视觉效果的。这意味着背景不会直接影响场景的几何结构，但是可以通过视觉元素增强场景的氛围和深度。背景通过应用材质和贴图为场景提供一个没有物理边界的视觉环境，如图 3.21-12 所示。

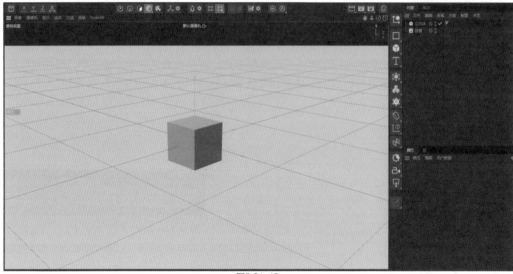

图3.21-12

在 3D 场景制作过程中，为了创造一个视觉上连贯且无明显分界的环境，有时需要将地板与背景无缝地结合在一起。在 C4D 中，该效果可以通过使用"背景"工具、"地面"工具以及合成标签来实现。

步骤 01 使用"背景"工具设置一个背景图像或材质，作为场景的远景和环境背景，如图 3.21-13 所示。

图3.21-13

步骤 02 由于地板贴图的坐标与背景贴图的坐标不适应，所以地板和背景贴图对应不上。在"对象"面板中选择"地板"的材质图标，如图 3.21-14 所示。在下方的属性栏中设置"投射"为"前沿"，如图 3.21-15 所示。视图窗口中的效果如图 3.21-16 所示。

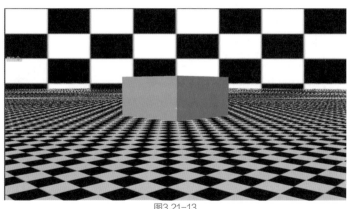

图3.21-14

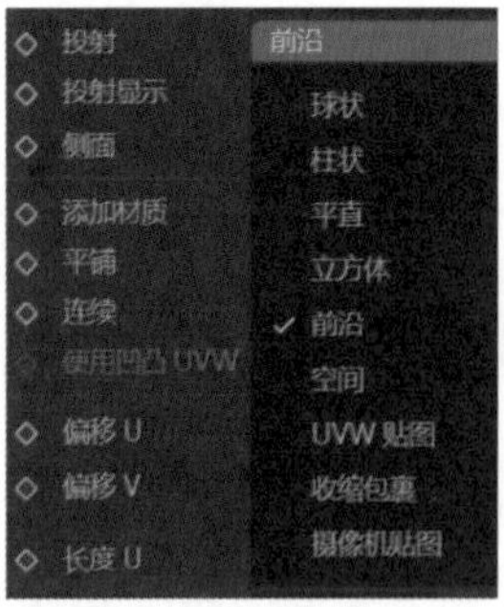

图3.21-15

图3.21-16

步骤 03 现在无论怎样移动和旋转视图，地板与背景都可以形成无缝效果，如图 3.21-17 所示。

步骤 04 虽然现在地板和背景已经连接，但是还有明显的分界。选中"地板"对象，在地板模型上单击鼠标右键，然后添加"合成"标签，如图 3.21-18 所示。勾选"合成背景"复选框，如图 3.21-19 所示。通过上述步骤，可以实现一个无缝的视觉效果，如图 3.21-20 所示，地板和背景之间无界线，为观众提供了一个统一且沉浸式的视觉体验。

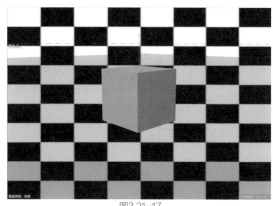

图3.21-17

图3.21-18

图3.21-19

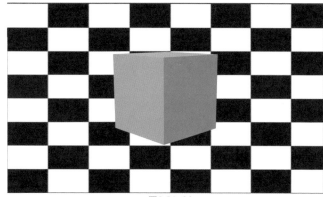

图3.21-20

3.22 模型的组合与拆分

在 3D 建模的世界里，"分解"与"组合"构成了建模过程的核心策略。面对任何错综复杂的模型，通过将其拆解成若干个更易于管理的部分来简化制作过程。随后，巧妙地将这些部分重新组合，便能够构建出完整的模型。

在着手创建一个复杂的模型之前，先进行详尽的分析，识别出模型可以被划分为哪些基本组件，并考虑每个组件如何与 C4D 中的标准几何体相对应。这一过程涉及对内置几何体的灵活运用，可能包括添加生成器、变形器，或者将它们转换成可编辑的对象，以便进行更细致的调整和修改。

最终通过采用类似于玩积木的方法，将这些经过精心设计的组件逐一拼装起来，便能够形成预期中的复杂模型。这种方法不仅提高了建模的效率，也使得模型的修改和迭代变得更加简单直接。

图 3.22-1 所示的桌子模型虽然第一眼看上去似乎结构复杂，但实际上可以分解为 9 个更简单的组件来逐一构建，如图 3.22-2 所示。这些组件在形状上可以对应到 C4D 内置的几何体——立方体和圆柱体。使用这两个基本的建模工具，开始创建每个组件。

图3.22-1

图3.22-2

创建过程包括使用立方体和圆柱体作为基础形状，然后根据需要对它们的形态进行调整和编辑。例如通过移动、旋转、缩放等变换操作，或者应用倒角、挤出等建模技术来细化每个组件的细节。

在将这 9 个组件分别制作完成后，接下来的工作便是将它们按照设计意图组合起来。这个过程就像是玩拼图，每个组件都是拼图中的一块，最终汇聚成一个完整的桌子模型。通过这种方法，即便是初学者也能逐步建立起复杂的 3D 模型，同时在实践中加深对建模工具和技巧的理解。

3.23 行业应用案例

几何体建模是一种多功能的技术，它跨越了众多行业，拥有广泛的应用场景。以"制作卡通超市"为例，采用几何体建模的方法构建一个充满卡通风格的超市模型，如图 3.23-1 所示。这种类型的模型不仅在电子商务的广告海报设计中十分流行，也经常出现在视频游戏的场景设计中，以其独特的视觉效果吸引观众的注意。

图3.23-1

步骤 01 使用"立方体"工具在场景中新建一个立方体模型，修改模型的"尺寸.Y"为 20cm、"尺寸.X"为 300cm，如图 3.23-2 所示。

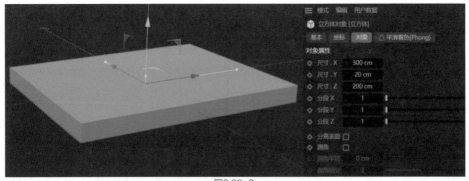

图3.23-2

步骤 02 按住 Ctrl 键沿 Y 轴拖曳复制一个立方体，修改模型的"尺寸.Y"为 150cm、"尺

寸 .X"为 285cm、"尺寸 .Z"为 185cm，如图 3.23-3 所示。

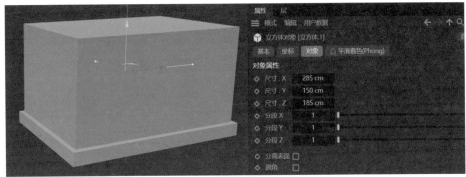

图3.23-3

步骤 03 选中第一个立方体，按住 Ctrl 键沿 Y 轴拖曳再复制一个立方体，修改模型的"尺寸 .Y"为 40cm，如图 3.23-4 所示。

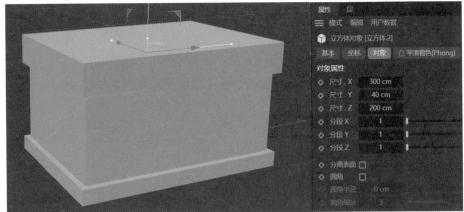

图3.23-4

步骤 04 再复制一个立方体，制作屋檐，修改模型的"尺寸 .X"为 150cm、"尺寸 .Y"为 20cm、"尺寸 .Z"为 50cm，如图 3.23-5 所示。

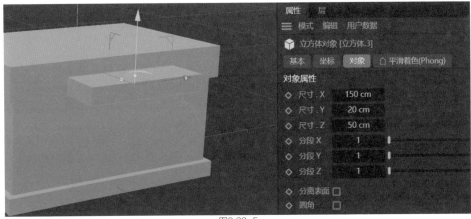

图3.23-5

步骤 05 复制 4 个 "尺寸 .X" 为 50cm、"尺寸 .Y" 为 20cm、"尺寸 .Z" 为 50cm 的立方体，放在如图 3.23-6 所示的位置作为装饰。

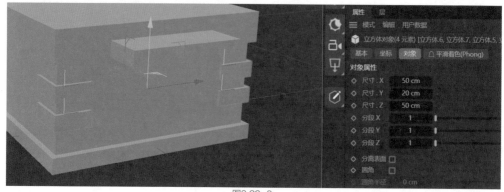

图3.23-6

步骤 06 复制第二个立方体，制作大门，修改模型的 "尺寸 .X" 为 150cm、"尺寸 .Y" 为 110cm、"尺寸 .Z" 为 20cm，如图 3.23-7 所示。

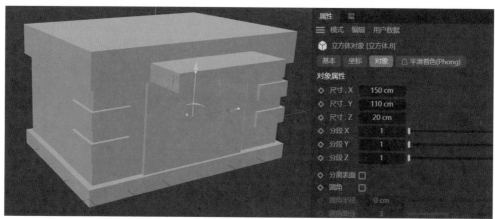

图3.23-7

步骤 07 选中这个立方体，按 C 键将其转为可编辑状态，在顶部导航栏中找到多边形编辑工具，然后在工具栏中选择嵌入工具，选中立方体对应的面，将其偏移 4cm，如图 3.23-8 所示。

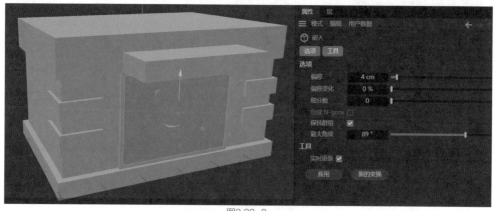

图3.23-8

步骤 08 选择"挤压工具",按住 Ctrl 键沿 Z 轴向里挤压 2cm,获得一个门框,如图 3.23-9 所示。

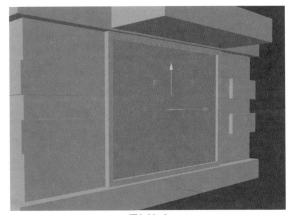

步骤 09 新建一个"尺寸.X"为 5cm、"尺寸.Y"为 110cm、"尺寸.Z"为 50cm 的立方体作为门的中缝,如图 3.23-10 所示。

图3.23-9

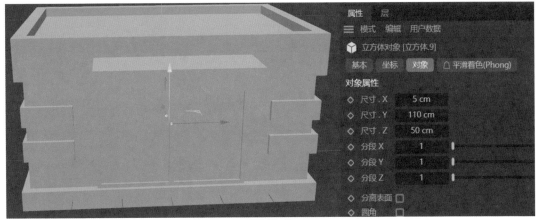

图3.23-10

步骤 10 重复步骤 07 和步骤 08 制作屋檐,嵌入 12cm,沿 Z 轴向下挤压 10cm,获得如图 3.23-11 所示的效果。

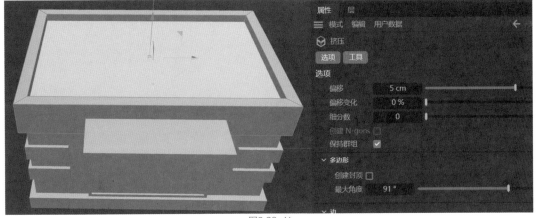

图3.23-11

步骤 11 单击"文本样条",在文本属性栏的文字输入框中输入"Supermarket",设置深度为 10cm、高度为 45cm,在"字体"栏中可以选择自己喜欢的字体,然后将文本移动到屋顶位置,如图 3.23-12 所示。

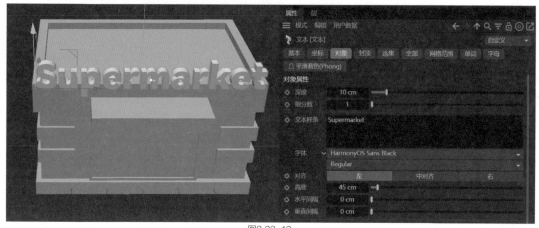

图3.23-12

步骤 12 给物体附上自己喜欢的材质颜色,如图 3.23-13 所示。然后设置渲染环境,渲染出图,即可获得如图 3.23-1 所示的效果。

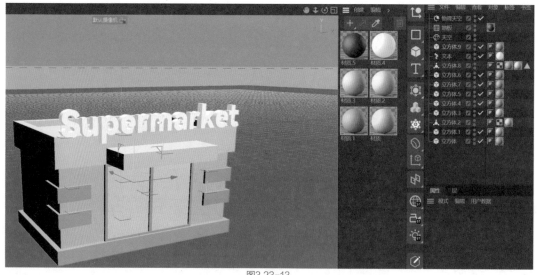

图3.23-13

04

第 4 章

样条建模

样条建模特别适用于创建三维空间内的复杂曲线物体，使用样条建模创建和修改二维图形，并将它们转换为可编辑样条，实现对样条的点、边等元素的精确编辑。通过学习，用户不仅限于制作二维图形效果，更可将之发展为三维模型。本章需要重点掌握不同样条的参数设置、样条编辑技巧以及二维样条到三维模型的转换方法。熟练掌握这些内容后，用户将能够运用样条建模技术制作线条形态的模型。样条建模广泛应用于家具设计领域。例如欧式石膏线、铁艺桌椅、弧形灯柱、曲线首饰以及欧式家具的雕花等，丰富设计作品的形态和细节。

4.1 认识样条建模

本节将详细介绍样条建模的基础知识，涵盖样条的定义及其适合构建的模型类型。样条线作为二维图形，表现为连续的线条且缺乏深度，它们可以是开放式的或闭合式的。在三维模型的构建中，创建二维样条线至关重要。

使用样条线中的"文本"工具可以生成文字，随后这些文字可以被转化为三维形态。样条线的线性特性使其成为制作多种线性形状模型的理想选择，例如墙体框架、艺术灯、园艺桌椅以及三维文字等，如图 4.1-1和图 4.1-2 所示。

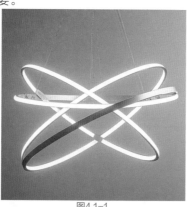

图4.1-1

图4.1-2

4.2 内置样条

长按"矩形样条"按钮，将展开一系列标准样条选项，如图 4.2-1 所示。其中常用的选项有弧线、圆环、螺旋线、星形、蔓叶线、齿轮、花瓣形、公式等。

文本样条则和文本归类到了一起，长按"文本"工具可以显示，如图 4.2-2 所示，使用文本样条可以制作霓虹灯等效果。

4.2.1 弧线

使用"弧线"工具能够生成可编辑的弧线形状，该工具的属性设置如图 4.2-3 所示。"弧线工具"是样条线中的常用工具，其默认状态如图 4.2-4 所示。

图4.2-1

文本

文本样条

图4.2-2

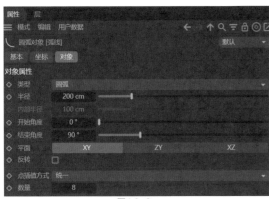
图4.2-3

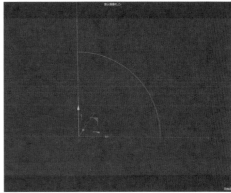
图4.2-4

1 类型

弧线对象属性中的预设类型有 4 种：圆弧、扇区、分段、环状，如图 4.2-5 所示。圆弧效果如图 4.2-4 所示，扇区、分段、环状效果分别如图 4.2-6 ～图 4.2-8 所示。

图4.2-5

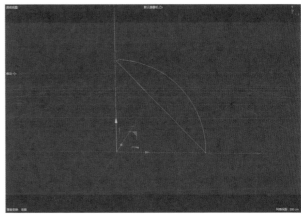
图4.2-6

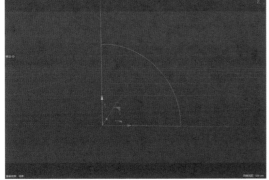

图4.2-7

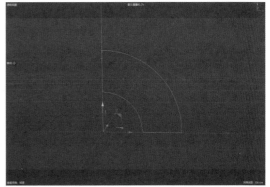
图4.2-8

2 半径

在圆弧工具中，"半径"参数用于定义圆弧的半径大小。当选择"环状"类型时，"内部半径"参数用于控制环的内半径数值。

3 开始角度 / 结束角度

"开始角度"和"结束角度"分别用来确定圆弧的起始和终止角度。圆弧的旋转平面可以通过"平面"参数在 XY、ZY、XZ 三个主平面中选择。"点插值方式"提供无、自然、统一、自动适应和细分 5 个选项，用于控制圆弧的平滑度和形状。

4 数量

"数量"参数影响圆弧的平滑度，数值越大，圆弧越光滑。当将点插值方式设置为"自动适应"时，"角度"参数允许用户调整自动适应的角度值；当设置为"细分"时，"最大长度"参数允许用户设定点之间的最大长度，从而进一步细化圆弧的细分程度，细分度越高，越消耗计算机性能。

4.2.2 圆环

单击"圆环"按钮可以创建一个"圆环"样条线，其属性栏如图 4.2-9 所示。

如果勾选"椭圆"复选框，可以分别设置两个"半径"参数，从而定义椭圆的形状。如果勾选"环状"复选框，则可以生成同心圆结构。在这两种情况下，"半径"参数用于确定基本圆形的半径尺寸，而当"环状"复选框被勾选后，"内部半径"参数允许用户调整同心圆中内圆的半径，以形成所需的环形图案。其他参数与"弧线"相同。

"圆环"样条的默认形状如图 4.2-10 所示。

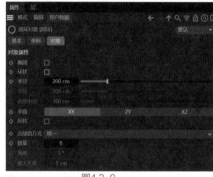
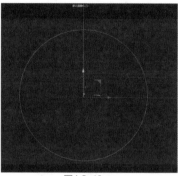

图4.2-9　　　　　　　　　　　　　　　图4.2-10

4.2.3 螺旋线

单击"螺旋线"按钮可以创建一个螺旋样条线，其属性栏如图 4.2-11 所示。"起始半径"参数用于定义螺旋底部的半径大小，"开始角度"则决定了螺旋底部的起始角度，其数值会影响底部螺旋的圈数。

"终点半径"用于设置螺旋顶部的半径，和"结束角度"一起，决定了顶部螺旋的圈数，这些参数的设置同样会影响顶部螺旋的形状。当"起始半径"和"终点半径"被赋予不同的值时，"半径偏移"参数将发挥作用，允许用户调整半径的变化程度，从而创造出各种各样的螺旋形态，如图 4.2-12 所示。

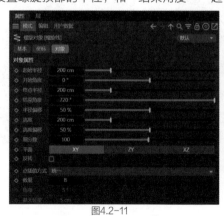

图4.2-11　　　　　　　　　　　　　　　图4.2-12

4.2.4 星形

　　单击"星形"按钮可以创建一个"星形"样条线，其属性栏如图 4.2-13 所示。通过调整"内部半径"和"外部半径"的值，可以控制星形的尖角是锐角还是钝角。"螺旋"参数用于更改星形的尖角的角度，"点"参数用于更改星形角的数量。通过调整，可以得到丰富的形态，如图 4.2-14 所示。

图4.2-13

图4.2-14

4.2.5 蔓叶线

　　单击"蔓叶线"按钮可以创建一个"蔓叶线"样条线，其属性栏如图 4.2-15 所示。其默认形态为"蔓叶"，如图 4.2-16 所示。另外还有"双扭"和"环索"形态，如图 4.2-17 和图 4.2-18 所示。通过调整它们的"宽度"和"张力"等参数，可以匹配多种曲线模式。

图4.2-15

图4.2-16

图4.2-17

图4.2-18

4.2.6 齿轮

　　使用"齿轮"工具可以创建一个"齿轮"样条线，"齿轮"可调整的参数很多，能够完成大多数齿轮的直接创建。

1 属性

　　其属性栏如图 4.2-19 ~ 图 4.2-21 所示。

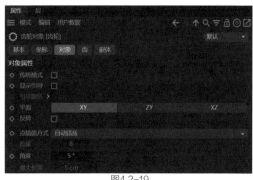

图4.2-19

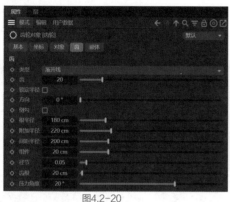

图4.2-20

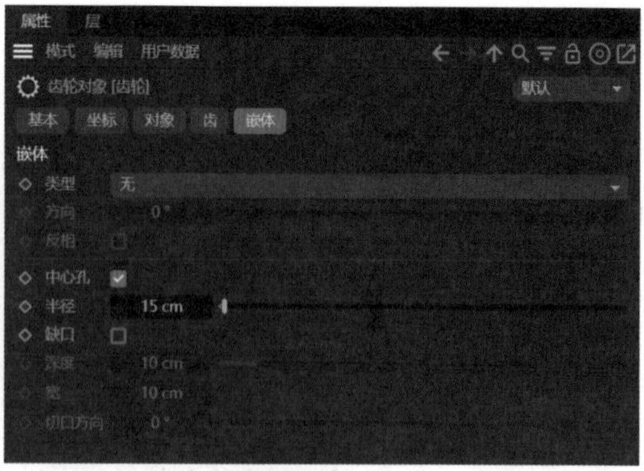

图4.2-21

2 齿的类型

利用"对象"选项卡，可以配置包括"传统模式"和"显示引导"在内的多个参数。如图 4.2-22 所示，在"传统模式"下勾选相关复选框后，参数会切换为传统模式的设置。

通过"齿"选项卡，可以设置齿轮的类型、齿数和旋转方向等基本属性，如图 4.2-23 所示。"类型"参数允许用户选择齿轮的形态，包括无、渐开线、棘轮和平坦 4 个选项。"齿"参数用于确定齿轮的锯齿数量。

图4.2-22

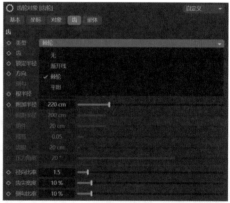

图4.2-23

3 嵌体的类型

"嵌体"选项卡专门用于定制齿轮嵌体的类型、方向和半径等属性。在"类型"参数中，可以选择嵌体的形态，包括无、轮辐、孔洞、拱形、波浪 5 种样式，如图 4.2-24 所示。其形态如图 4.2-25 ～图 4.2-28 所示。

图4.2-24

图4.2-25

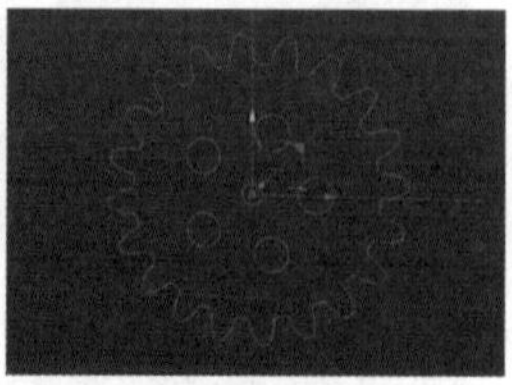

图4.2-26

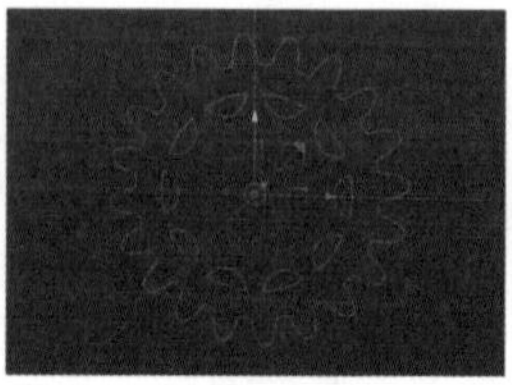

图4.2-27

图4.2-28

4.2.7 花瓣形

使用"花瓣形"工具可以创建一个"花瓣形"样条线，其属性栏如图4.2-29所示。其初始状态如图4.2-30所示，大部分花瓣形样条都可以通过此工具生成。样条线的大多数内容比较相似，用户可以从前面的介绍中找到类似的使用方法。

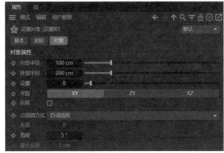

图4.2-29

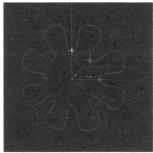

图4.2-30

4.2.8 公式

"公式"样条线较为特殊，其属性栏如图4.2-31所示。C4D为用户提供了一个更自由的渠道，可以通过公式的方式创造更自由的样条线。其初始状态如图4.2-32所示，默认为一个100.0*Sin（t*PI）公式的图。

图4.2-31

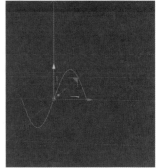

图4.2-32

4.2.9 文本样条

"文本样条"用于生成和编辑文字，其属性栏如图4.2-33所示。在其中允许用户自定义字体、对齐方式和文字间距等属性。例如通过"文本"参数输入或更改文字内容，通过"字体"选择不同的字体样式。对齐选项包括左对齐、中对齐和右对齐，以适应不同的布局需求。"高度"参数用来调整文字的尺寸，"水平间隔"和"垂直间隔"分别用来设置字符间和行间的距离。

"字距"参数可以通过单击展开按钮进一步细化字符间距，以实现更精细的文字排版，如图4.2-34所示，效果如图4.2-35所示。通过此样条进行进一步操作即可得到文字的实体模型，可以用于制作广告灯牌等所有需要文字的建模。

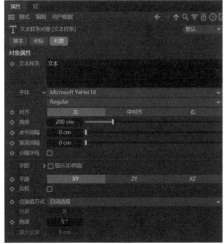

图4.2-33

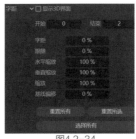

图4.2-34

图4.2-35

4.3 可编辑样条线

可编辑样条线是一种基础且功能丰富的建模工具。它可以通过编辑基础样条线，用样条画笔创建、调整曲线来构建复杂的形状和路径，这些曲线可以是直线、圆弧或自由形状的曲线。用户可以通过添加或删除控制点，调整曲线的张力、平滑度和方向，从而实现高度自定义的设计。可编辑样条线不仅在建模中扮演着关键角色，还可以用于动画路径的创建。

4.3.1 样条可编辑状态

前面提到的所有样条线都可以转为可编辑状态。选中创建好的样条后，单击界面左侧的"转为可编辑对象"按钮或按快捷键 C，即可将样条对象转换为可编辑状态。然后单击并选择"点"级别，用户便能够对样条上的各个点进行选择或编辑，如图 4.3-1 所示。

在样条线的编辑模式下，有很多可以使用的工具，它们在顶部菜单栏的"样条"菜单中和左侧工具栏中可以查看，如图 4.3-2 和图 4.3-3 所示。

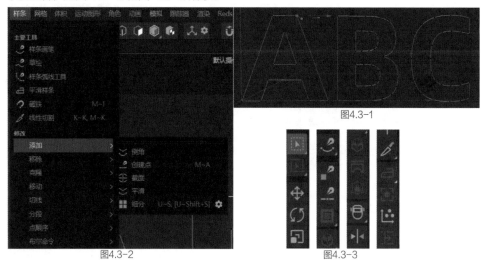

图4.3-1

图4.3-2

图4.3-3

4.3.2 样条线画笔

除了转换前面提到的创建标准的样条形状，还允许用户绘制更加自由和随意的样条曲线。通过鼠标左键长按"样条画笔"按钮，用户可以选择使用样条画笔工具、草绘工具、平滑样条工具或样条弧线工具来进行创作，如图 4.3-4 所示。

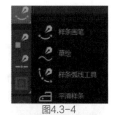

图4.3-4

1 样条画笔

使用"样条画笔"工具可以绘制 5 种类型的线条，涵盖线性、立方、Akima、B- 样条和贝塞尔。单击"样条画笔"按钮，在属性栏中可以设置这些线条类型的相关参数，如图 4.3-5 所示。

"类型"参数用于指定绘制样条的线条类型，可以选择线性、立方、Akima、B- 样条或贝塞尔类型，每种类型都会产生不同的曲线效果。

其中贝塞尔最为常用，类似于 Photoshop 中的钢笔工具，在用鼠标单击产生一个新的点时会产生一个杠杆工具，拖动杠杆工具可以改变曲线的弧度，如图 4.3-6 所示。

线性样条线如图 4.3-7 所示，顾名思义，线性是点与点之间的直线距离，

图4.3-5

没有弧度可编辑，当制作中需要直线时可以使用。

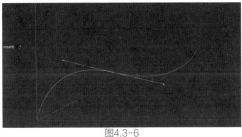
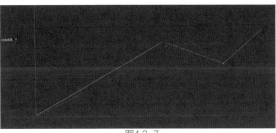

图4.3-6 图4.3-7

Akima 样条线如图 4.3-8 所示，Akima 样条线是一种基于数学模型的插值方法，通过计算数据点之间的平滑过渡来生成连续的曲线，适合用于创建自然、流畅的曲线，尤其是在需要模拟复杂运动或形态变化时，比贝塞尔曲线更为自然。

B- 样条线如图 4.3-9 所示，它是一种基于控制点的曲线生成技术，通过定义一系列控制点来创建平滑且连续的曲线。其特点是曲线段在控制点之间具有较高的平滑度，可以通过调整控制点的位置轻松地修改曲线的形状。这使 B- 样条线成为设计复杂几何形状和进行精确动画路径规划的理想选择。

立方样条线如图 4.3-10 所示，也是一种通过控制点生成平滑曲线的数学工具，使用三次多项式插值来确保曲线在控制点处及其一阶导数（斜率）都是平滑的。

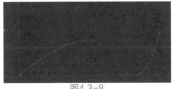

图4.3-8 图4.3-9 图4.3-10

2 草绘

使用"草绘"功能，可以通过拖动鼠标以类似使用画笔的方式绘制出非常灵活和自由的线条。单击"草绘"按钮，在属性栏中可以设置相关参数，如图 4.3-11 所示。"半径"参数用于确定草绘时画笔的粗细；"平滑笔触"参数用于控制线条的平滑度，数值越高，绘制出的曲线越平滑。

在绘制过程中，单击并按住鼠标左键拖动，便能绘制出自由曲线。完成绘制后，线条上会显示出多个控制点，单击对象中的"样条"可以在其属性栏中进一步编辑和调整，如图 4.3-12 所示。

图4.3-11 图4.3-12

3 平滑样条

在使用"样条画笔"或"草绘"工具绘制好线条之后，可以进一步使用"平滑样条"工具来优化线条。通过在线条上拖曳该工具，可以减少线条的转折并增加其平滑度。

单击"平滑样条"按钮后，可以设置其相关参数，如图 4.3-13 所示。继续按住鼠标左键在样条上拖动，样条会变得更加平滑，如图 4.3-14 所示。

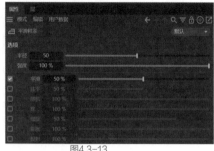

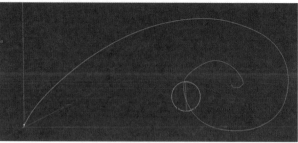

图4.3-13　　　　　　　　　　　　　　　　图4.3-14

4 样条弧线工具

使用样条弧线工具能够绘制出更精确的弧线形状，并且可以详细地设置弧线的"中点""终点""起点""中心""半径"和"角度"等参数。

单击"样条弧线工具"按钮后，可以对其参数进行调整，参数值的变化会影响绘制出的弧线形态，如图 4.3-15 所示。绘制出的弧线形态展示如图 4.3-16 所示。其中，"中点"定义弧线中段的位置，"终点"和"起点"分别确定弧线的结束和开始位置，"中心"指定弧线围绕的中心点，"半径"控制弧线的弯曲程度，"角度"决定弧线的形状，数值越大，弧线越接近完整的圆形。

图4.3-15　　　　　　　　　　　　　　　　图4.3-16

4.4　编辑样条线

在成功创建两个样条之后，用户可以对它们进行进一步编辑。选中这两个样条，在顶部菜单栏中选择"样条"，然后选择"布尔命令"，即可看到"样条差集""样条并集""样条合集""样条或集"和"样条交集"这 5 种方式，用户可以通过不同的逻辑组合来修改样条，如图 4.4-1 所示。

4.4.1 样条差集

随机创建两个样条，将它们同时选中，然后单击"样条差集"按钮，这两个样条将通过布尔运算产生变化，生成新的形状。这里用"花瓣形"和"圆环"举例，生成前如图 4.4-2 所示，生成后如图 4.4-3 所示。注意，这两个物体在同一平面上，布尔运算才会产生效果，还需要注意两个物体的选择顺序，选中的第二个物体会被第一个物体减去。

图4.4-1

图4.4-2   图4.4-3

4.4.2 样条并集

"样条并集"和"样条差集"类似，但不是减去，而是相加。同样使用"花瓣形"和"圆环"举例，生成前如图 4.4-2 所示，生成后如图 4.4-4 所示。

4.4.3 样条合集

"样条合集"仅保留两个物体相交的部分，生成后如图 4.4-5 所示。

4.4.4 样条或集

"样条或集"将参与运算的所有样条合并成一个样条对象。所有样条的独立部分都会被保留，最终形成一个连续的样条结构，生成后如图 4.4-6 所示。

4.4.5 样条交集

"样条交集"和"样条或集"的结果看起来十分类似，样条交集运算会查找参与运算样条的共同部分，并保留这些重叠区域，生成后如图 4.4-7 所示。

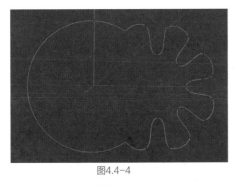

图4.4-4   图4.4-5

图4.4-6   图4.4-7

4.4.6 样条线转换为三维模型

通常情况下，应用样条的最终目标是构建三维模型。先选中样条，然后长按"生成器"按钮，从弹出的菜单中选择"挤压"工具，如图 4.4-8 所示，再将样条线放在挤压生成器下，如图 4.4-9 所示。

用户也可以通过选择"创建"—"生成器"—"挤压"命令来实现，如图 4.4-10 所示。借助于"挤压"工具，可以将样条对象转化为具有一定厚度的三维效果，这种技术可以将任何闭合的样条线生成为二维物体。其相关参数设置如图 4.4-11 所示，可以控制物体的挤出厚度、挤出方向、反转法线和网格细分等。

图4.4-8

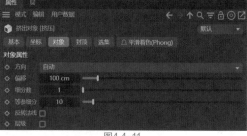

图4.4-9

图4.4-11

图4.4-10

4.5 行业应用案例

本例使用样条线制作霓虹灯广告牌，效果如图 4.5-1 所示。

图4.5-1

步骤 01 使用"文本样条"创建想要生成的文字，这里以"C4D"举例，如图 4.5-2 所示。

在视框中按一下鼠标中键，切换为四视图后将正视图的范围调整得稍微大一些。

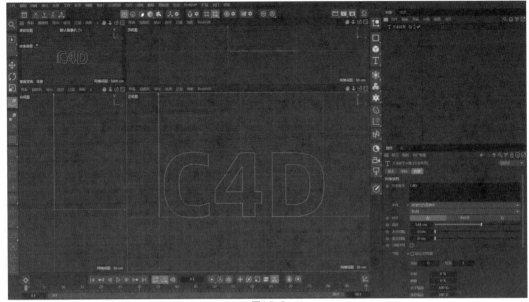

图4.5-2

　　步骤 02 使用"样条画笔"贝塞尔曲线描出文字，可以获得更自然的手写体效果，如图4.5-3 所示。

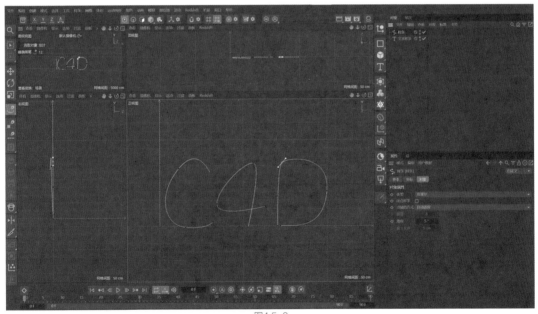

图4.5-3

　　步骤 03 新建一个"扫描"生成器和一个圆环样条线，用作霓虹灯的横截面，如图 4.5-4 所示。注意摆放顺序，在"扫描"下是第二个物体被第一个物体扫描。

　　步骤 04 "扫描"完成后如图 4.5-5 所示，在"4"和"D"

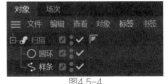

图4.5-4

的某些交接处会产生重叠，因为在正视图下绘制样条线默认是在同一平面上绘制，但霓虹灯的灯管是不会产生交叠的，所以选中样条的点，沿 Z 轴移动一下错开。

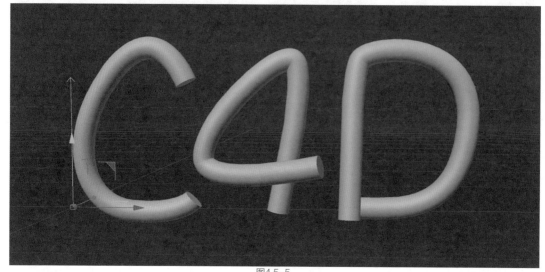

图4.5-5

步骤 05 以上完成的是霓虹灯的灯管部分，需要复制一层制作外表面的玻璃，如图 4.5-6 所示。选中复制后的该层中的圆环，在属性栏中勾选"环状"，调整到包裹住灯管的程度即可。

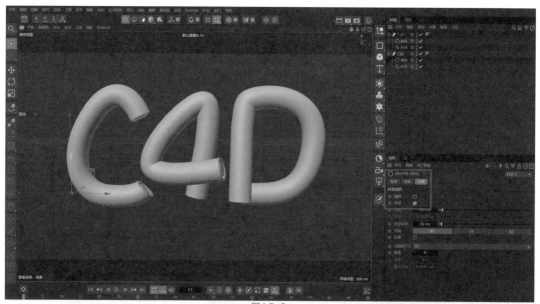

图4.5-6

步骤 06 使用两个圆柱体制作灯管的封盖，合并为一个物体，如图 4.5-7 所示。

步骤 07 将"C4D"的几个字母调整到满意的状态。例如在"4"的转角处，物体尽量不要重叠，调整后，将封盖放置

图4.5-7

在每个灯管的开头和结尾处，如图 4.5-8 所示。

步骤 08 使用"样条画笔"绘制几条电线，并用同样的扫描方式将其变为三维模型，若将样条的点插值方式改为"细分"，线段会更自然、流畅，再设置好背景，如图 4.5-9 所示。

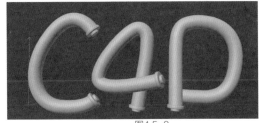

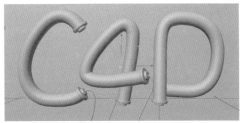

图4.5-8

图4.5-9

步骤 09 调整渲染环境，将渲染设置改为"标准"，然后添加全局光照，将预设改为"内部 – 高（小光源）"，如图 4.5-10 所示。

步骤 10 材质不是本章重点，因此对灯光材质和玻璃材质稍作讲解，灯光材质如图 4.5-11 和图 4.5-12 所示，发光需要设置菲涅耳层级，以使灯光颜色更为丰富，反射需要添加两层 GGX，第二层改为"添加"，"层菲涅耳"需要打开。

图4.5-10

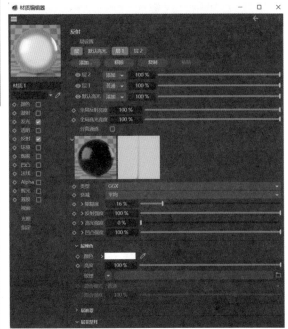

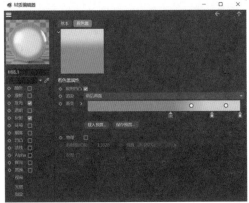

图4.5-11

图4.5-12

步骤 11 玻璃不需要颜色，只需要透明和反射，如图 4.5-13 和图 4.5-14 所示。透明在"折射率预设"下拉列表中选择"玻璃"，反射添加一层 GGX。

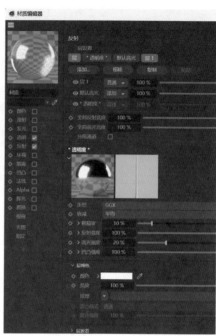

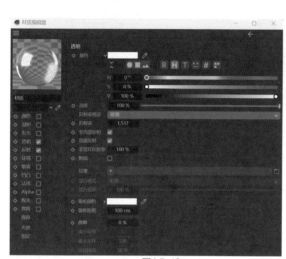

图4.5-13   图4.5-14

步骤 12 设置其他材质和天空环境，并赋予对应物体，如图 4.5-15 所示，然后开始渲染，最终渲染结果如图 4.5-1 所示。

图4.5-15

05 第5章

生成器建模

本章将学习针对三维模型的生成器建模，通过学习本章内容，用户可以对三维模型添加生成器类型，以制作相应的效果。例如，应用布尔将模型抠除孔洞，应用晶格将模型制作为晶状结构，应用生长草坪制作毛发效果。

5.1 认识生成器建模

生成器建模可以通过对三维模型添加生成器，使其产生相应的效果。在 C4D 中包括很多生成器类型，如细分曲面、布料曲面、布尔、连接、对称、实例、阵列、晶格等。在菜单栏中单击"创建"即可找到"生成器"选项，如图 5.1-1 所示。

常用的生成器类型包括细分曲面、布料曲面、布尔、连接、对称、实例、阵列、晶格、减面、融球、LOD、生长草坪、Python生成器等。接下来对生成器建模进行详细讲解。

5.2 细分曲面

使用"细分曲面"生成器可以显著地提高模型的精细度，将原本粗糙的表面转化为更加光滑、细腻的外观。注意，只有在模型被设置为"细分曲面"级别之后，该项技术才能发挥作用。其属性栏如图 5.2-1 所示。

图5.2-1

5.2.1 细分曲面的类型

设置"细分曲面"时，有 5 种类型可以选择，包括 Catmull-Clark、Catmull-Clark（N-Gons）、OpenSubdiv Catmull-Clark、OpenSubdiv Loop、OpenSubdiv Bilinear。不同类型的细分曲面的对比效果如图 5.2-2 ～图 5.2-6 所示。

图5.1-1

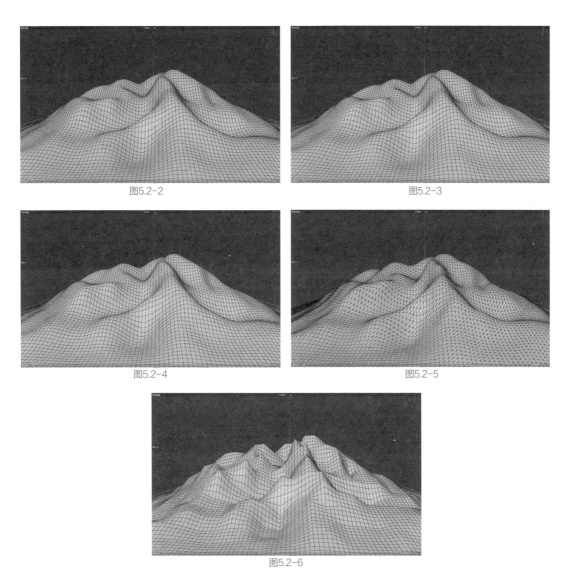

图5.2-2

图5.2-3

图5.2-4

图5.2-5

图5.2-6

5.2.2 视窗细分

　　用户可以在视图中设置细分级别，以调整模型的显示精细度，数值越大，模型的表面细节越丰富，预览效果也就越接近最终渲染。"视窗细分"设置为 1 和 3 的对比效果如图 5.2-7 和图 5.2-8 所示。

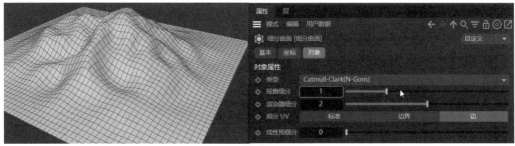

图5.2-7

图5.2-8

5.2.3 渲染器细分

在渲染设置中，可以通过调整细分级别来控制模型表面的精细度，数值越大，表面越平滑，细节越丰富。

5.2.4 细分 UV

在 UV 编辑过程中，可以通过标准、边界、边来设置细分级别，以适应不同的纹理需求。
- 标准

一种通用的 UV 展开方法，适合大多数模型。
- 边界

允许用户根据模型的边缘来定义 UV 的展开。
- 边

提供了最大的灵活性，通过选择边来精确地控制 UV 的布局。

5.2.5 实例

通过应用"细分曲面"技术，可以将原本粗糙的模型表面变得更加光滑、细腻，在粗糙的模型上进行细分曲面，对比效果明显，如图5.2-9 和图 5.2-10 所示。

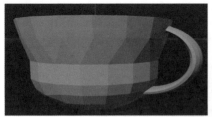

图5.2-9

图5.2-10

步骤01 打开示例文件，如图 5.2-11 所示。

步骤02 选择"创建"—"生成器"—"细分曲面"命令，如图 5.2-12 所示。

图5.2-11

图5.2-12

步骤 03 长按鼠标左键并拖曳"cup"到"细分曲面"上,当出现"↓"图标时松开鼠标,如图 5.2-13 所示。

图5.2-13

步骤 04 在属性栏中调整"细分曲面"的参数,将"视窗细分"和"渲染器细分"分别调整为 5,如图 5.2-14 所示。

步骤 05 可以看到模型非常光滑、细腻,如图 5.2-15 所示。至此光滑模型的操作完成,最终效果如图 5.2-10 所示。

图5.2-14

图5.2-15

5.3 布料曲面

在 C4D 中,"布料曲面"是一种模拟真实布料物理特性的技术,可以创建出非常逼真的服装和布料效果。其属性栏如图 5.3-1 所示。

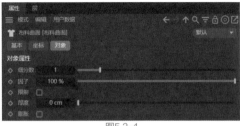

图5.3-1

5.3.1 重点参数

使用布料曲面可以极大地增强三维场景的真实感,特别是在需要模拟服装、窗帘、旗帜等布料效果的场景中。通过合理地设置和调整,用户可以创建出非常逼真的布料动态效果。下面讲解一些重点参数。

1 细分数

该参数可以设置模型的细分程度,数值越大,分段越多,模型越精致。细分数为 1 和细分数为 5 时的对比效果如图 5.3-2 和图 5.3-3 所示。

2 厚度

该参数可以设置模型的厚度。厚度为 5cm 和厚度为 20cm 时的对比效果如图 5.3-4 和图 5.3-5 所示。

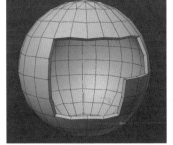

图5.3-2

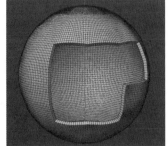

图5.3-3

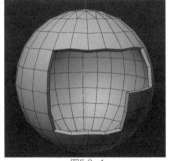

图5.3-4

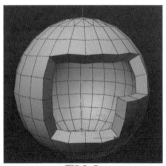

图5.3-5

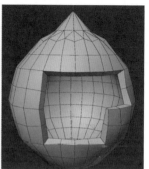

3 膨胀

勾选该复选框，模型将变得更膨胀、更大。勾选该复选框之前和之后的对比效果如图 5.3-6 和图 5.3-7 所示。

图5.3-6　　　　　图5.3-7

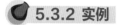

5.3.2 实例

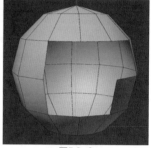

"布料曲面"技术赋予了模型更加逼真的厚度和质感。通过这种技术，可以模拟出布料的自然垂感和弹性，使得三维模型在视觉上更加立体和生动。这种技术的应用不仅增强了模型的视觉效果，也提升了其在动画和设计中的实用性。

步骤 01 创建或导入模型，打开之后如图 5.3-8 所示。

步骤 02 创建"布料曲面"，长按鼠标左键并拖曳模型到"布料曲面"上，当出现"↓"图标时松开鼠标，如图 5.3-9 所示。

步骤 03 选择"布料曲面"，设置"厚度"为 5cm，如图 5.3-10 所示。

步骤 04 此时模型产生了厚度效果，如图 5.3-11 所示。

图5.3-8

图5.3-9

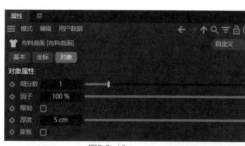

图5.3-10

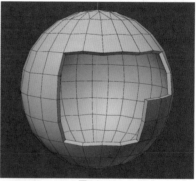

图5.3-11

5.4 挤压

通过"挤压"技术可以将样条曲线作为横截面，沿着其路径拉伸出一定的厚度，从而将原本的二维图形转化为立体的三维模型，如图 5.4-1 和图 5.4-2 所示。

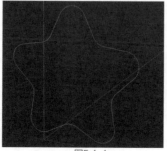

图5.4-1

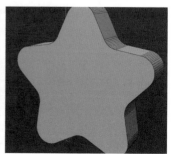

图5.4-2

5.4.1 挤压属性－对象

对于"挤压"，单击"对象"标签时的属性栏如图
5.4-3 所示。

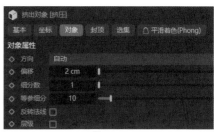
图5.4-3

1 方向

"方向"常和"偏移"配合使用，用于定义挤压的方
向和厚度，共有"自动""X""Y""Z""绝对""自
定义"6 个选项，挤压的方向一般选择"X""Y""Z"，
"绝对"和"自定义"方向类似，不同之处是"绝对"直接通过 X、Y、Z 轴上的移动距离控制挤
压效果。"X"轴、"Y"轴、"Z"轴、"方向自定义"分别偏移 2cm 时的效果如图 5.4-4 ～图
5.4-7 所示。

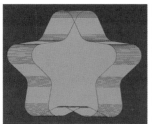
图5.4-4

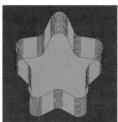
图5.4-5

图5.4-6

图5.4-7

图5.4-8

图5.4-9

2 细分数

"细分数"用于控制挤出对象在挤压轴上的细
分数量，细分数值为 1 和 5 时的模型效果对比如
图 5.4-8 和图 5.4-9 所示。

3 等参细分

"等参细分"用于控制
等参线的细分数量，等参
分数值为 10 和 50 时的模
型效果对比如图 5.4-10 和
图 5.4-11 所示。

等参细分的参数只有在
选择"视图"—"显示"—
"等参线"命令之后才能看
到，如图 5.4-12 所示。

图5.4-12

图5.4-10

图5.4-11

4 反转法线

"反转法线"复选框用于反转法线的方向。如
图 5.4-13 和图 5.4-14 所示，图中为方便观察，
挤压后将模型转换为可编辑对象。

5 层级

当挤压下的样条子级不止一条时，默认挤压仅
对最上层的样条生效，勾选"层级"选项后，"挤

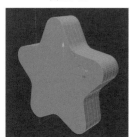
图5.4-13

图5.4-14

压生成器"会对子级的所有样条生效。勾选"层级"和不勾选"层级"复选框时的效果分别如图 5.4-15、图 5.4-16 所示。

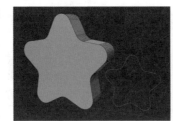

图5.4-15

图5.4-16

5.4.2 挤压属性 - 封顶

对于"挤压",单击"封顶"标签时的属性栏如图 5.4-17 所示。

1 起点、终点

勾选这两个复选框后,模型将变为封闭模型。

2 独立控制

该复选框默认为不勾选状态,这时会采用下方统一的倒角属性控制,勾选后则会单独控制挤压的起点倒角和终点倒角。

3 两者均倒角

倒角的外形属性用于设置倒角"角"的类型,分别为"圆角""实体""步幅""样条"(其中"样条"模式需要足够的倒角分段才能显示出曲线),效果如图 5.4-18 ~图 5.4-21 所示。

图5.4-17

图5.4-18

图5.4-19

图5.4-20

图5.4-21

4 挤压

勾选该复选框后激活下方的"偏移"属性,当偏移数值为正时,倒角向外延展,如图 5.4-22 所示;当偏移数值为负时,倒角向内收缩,如图 5.4-23 所示。

图5.4-22

图5.4-23

5 张力

"张力"数值为负时,倒角形成一个凹角,如图 5.4-24 所示;数值为正时,倒角形成一个凸角,如图 5.4-25 所示。

6 分段

分段越多倒角形状越圆润。

7 外侧倒角

勾选该复选框后,模型整体向外扩张。

图5.4-24

图5.4-25

8 避免自穿插

当倒角尺寸过大时，模型可能发生穿插，勾选"避免自穿插"复选框，系统会自动改变倒角处的布线。未勾选和勾选"避免自穿插"复选框的效果对比如图 5.4-26 和图 5.4-27 所示。

9 封盖类型

这里定义挤压对象的封顶由哪种类型的多边形组成，可以选择"三角面""四边面""N-gon""Delaunay""常规网格"5 种类型，其中"Delaunay"和"常规网格"类型可以额外勾选"四边面优先"复选框。"三角面"如图 5.4-28 所示；"四边面"如图 5.4-29 所示；"N-gon"

图5.4-26

图5.4-27

如图 5.4-30 所示；"Delaunay"如图 5.4-31 所示；"常规网格"如图 5.4-32 所示。

图5.4-28

图5.4-29

图5.4-30

图5.4-31

图5.4-32

10 断开平滑着色

"断开平滑着色"用于断开模型的倒角与挤压面连接处的平滑着色，勾选后模型的倒角会更加明显，一般在渲染硬边模型的倒角细节时，会勾选"断开平滑着色"复选框。勾选和未勾选"断开平滑着色"复选框的效果对比如图 5.4-33 和图 5.4-34 所示。

图5.4-35

图5.4-33

图5.4-34

5.4.3 挤压属性 – 选集

系统为挤压的每一个模块指定了代码，其属性栏如图 5.4-35 所示，当转为"可编辑模型"后，会多出一些"多边形选集"和"边选集"，如图 5.4-36 所示，方便后续给定材质、分裂型等操作。

图5.4-36

5.5 旋转

"旋转"可以被描述为将二维样条曲线沿 Y 轴进行旋转，从而构建出三维模型的过程。这通常涉及将平面上的曲线沿着垂直轴进行空间转换，创造出立体的视觉效果。如图 5.5-1 和图 5.5-2 所示，创建一条样条曲线，让样条曲线作为旋转生成器的子级，就可以得到一个三维的对象。需要注意的是，使用"旋转"时最好是在二维视图绘制样条曲线。

图5.5-1

图5.5-2

在二维视图中创建"样条"，样条曲线的首尾两个点的 Z 坐标都为 0，这样当样条曲线围绕 Y 轴旋转时不会影响最终效果。当顶点的 X、Z 坐标为 0，如图 5.5-3 所示，旋转效果如图 5.5-4 所示；当顶点的 X、Z 坐标不为 0，如图 5.5-5 所示，旋转效果如图 5.5-6 所示。

图5.5-3

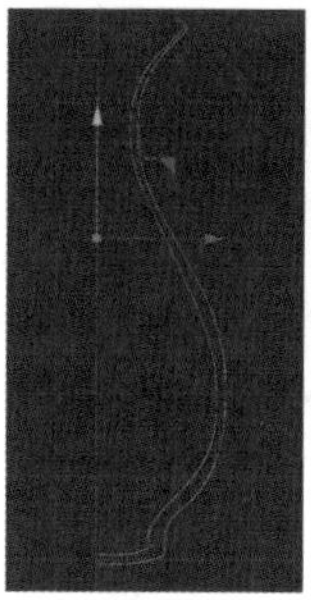

图5.5-4

图5.5-5

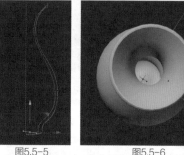
图5.5-6

旋转属性-对象：对于"旋转"单击"对象"标签时的属性栏如图 5.5-7 所示。

图5.5-7

1 角度

"角度"用于定义样条曲线沿 Y 轴旋转的角度，默认为 360°，即一个完整的循环；当角度小于 360°时，旋转对象会有缺口；当角度大于 360°时，曲面之间会有重叠，这时候可以配合"移动"数值来做调整。角度数值为 300°、360° 和 390°时，模型的效果对比如图 5.5-8 ~图 5.5-10 所示。

图5.5-8

图5.5-9

图5.5-10

2 细分数

"细分数"用于定义样条旋转对象的细分分段线的数量，适当地增加"细分数"可以让对象的表面更平滑。"细分数"为 7 和 34 时模型的效果对比如图 5.5-11 和图 5.5-12 所示。

图5.5-11

图5.5-12

3 网格细分

"网格细分"用于定义等参线的细分数量（在调整这个参数时需要把视图窗口的显示类型改为"等参线"，否则无法看到修改参数时模型的变化）。"网格细分数"为 4、20 和 40 时模型的效果

对比如图 5.5-13 ~图 5.5-15
所示。

4 移动

"移动"用于定义旋转对
象从起点到终点的纵向移动距
离。"移动"的默认数值是 0，
即样条曲线在一个平面上旋转；
修改成其他的任何数值，样条
曲线都会螺旋移动，可以做出
类似螺丝钉等形状的模型。"移
动"数值为 -100、0 和 100
时模型的效果对比如图 5.5-
16 ~图 5.5-18 所示。

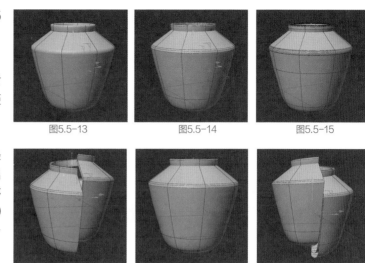

图5.5-13　　　　　　图5.5-14　　　　　　图5.5-15

图5.5-16　　　　　　图5.5-17　　　　　　图5.5-18

5 比例

"比例"其实就是缩放，用于定义样条曲线旋转的终点比例，样条曲线会以旋转生成器的中心轴
为原点进行缩放。"比例"数值为 60% 和 120% 时模型的效果对比图如图 5.5-19 和图 5.5-20 所
示；轴心不同，"比例"数值为 50% 时模型的效果对比如图 5.5-21 和图 5.5-22 所示。

图5.5-19　　　　　　图5.5-20　　　　　　图5.5-21　　　　　　图5.5-22

6 反转法线

"反转法线"用于定义旋转对象的法线方向（法线方向的重要性可参考前面的内容），使用旋转
生成器，在法线方向并不需要的情况下可以更改样条曲线的方向，或勾选"反转法线"复选框，用于
控制法线方向。

5.6 扫描

"扫描"是一种三维建模技术，它通过将一个二维样条
沿着另一个样条路径移动并连接，从而构建出一个全新的三
维模型。

对于"扫描"，单击"对象"标签时的属性栏如图 5.6-1
所示。

1 网格细分

"网格细分"用于定义扫描对象等参线的细分数量（需要
开启视图的等参线）。

图5.6-1

2 终点缩放

"终点缩放"用于定义扫描对象在样条曲线终点处的缩放比例。扫描对象在样条曲线开始处的比例是 100%，设置"终点缩放"后，扫描对象会在样条曲线起点和终点之间插入相对的比例尺寸。"终点缩放"数值为 50%、100%、200% 时模型的效果对比如图 5.6-2 ～图 5.6-4 所示。

图5.6-2　　　　　　　　　　　　图5.6-3　　　　　　　　　　　　图5.6-4

3 结束旋转

"结束旋转"用于定义扫描对象在到达样条曲线终点处时绕 Z 轴旋转的角度。"结束旋转"数值为 0°、100°、360°时模型的效果对比如图 5.6-5 ～图 5.6-7 所示。

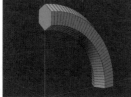 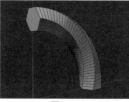 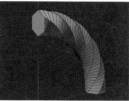

图5.6-5　　　　　　　　　　　　图5.6-6　　　　　　　　　　　　图5.6-7

4 开始生长 / 结束生长

"开始生长 / 结束生长"用于定义扫描对象沿样条曲线延伸的起点 / 终点。当"开始生长"为 0%、"结束生长"为 100% 时，扫描对象沿着整个路径延伸。"开始生长"数值为 0%/"结束生长"数值为 100%、"开始生长"数值为 50%/"结束生长"数值为 100%、"开始生长"数值为 0%/"结束生长"数值为 80%、"开始生长"数值为 20%/"结束生长"数值为 80% 时模型的效果对比如图 5.6-8 ～图 5.6-11 所示，通过记录开始生长和结束生长的数值可以做增长动画。

图5.6-8　　　　　　　图5.6-9　　　　　　　图5.6-10　　　　　　　图5.6-11

5 平行移动

如果启用"平行移动"，扫描对象会以平行方式来扫描样条曲线，它的效果只会是平面，而不是立体的三维模型。禁用"平行移动"和启用"平行移动"时模型的效果对比如图 5.6-12 和图 5.6-13 所示。

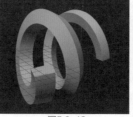 

图5.6-12　　　　　　　　　图5.6-13

6 恒定截面

　　默认启用"恒定截面"。启用后，扫描对象遇到样条曲线的硬转折处时会自动缩放，以保持在整个扫描过程中对象的厚度均匀。启用和禁用"恒定截面"时模型的效果对比如图 5.6-14 和图 5.6-15 所示。如果样条曲线没有硬转折，则启用和禁用"恒定截面"并没有区别。

图5.6-14　　　　　　　　图5.6-15

7 矫正扭曲

　　默认启用"矫正扭曲"。启用后，扫描对象会在样条曲线的起点处旋转，以使 X 轴平行于样条曲线的平均平面。启用和禁用"矫正扭曲"时模型的效果对比如图 5.6-16 和图 5.6-17 所示。

图5.6-16　　　　　　　　图5.6-17

8 保持段数

　　"保持段数"只有在修改增长值时才会起作用，默认禁用。禁用后，增长动画在增长过程中会比较平稳。

5.7 样条布尔

　　"样条布尔生成器"对两个以上的样条进行布尔运算。当样条曲线全部在同一平面上时，样条布尔得到的结果才是最好的。两个样条曲线在同一平面上如图 5.7-1 所示，样条布尔如图 5.7-2 所示。样条布尔对象可以和普通样条一样添加生成器，如挤压、扫描等生成器。

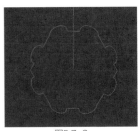

图5.7-1　　　　　　　　图5.7-2

　　对于"样条布尔"，单击"对象"标签时的属性栏如图 5.7-3 所示。

　　定义样条曲线的组合有合集、A 减 B、B 减 A、与、或、交集 6 种模式，默认的样条布尔模式是合集，这里需要注意 A 和 B 的层级顺序。

　　●合集

　　所有样条都会被连接，重叠的表面将被同化。

　　● A 减 B

　　A 被 B 覆盖的区域都会被减去。

　　● B 减 A

　　B 被 A 覆盖的区域都会被减去。

　　●与

　　创建包含 A 与 B 交叉的新样条线。

　　●或

图5.7-3

　　和"与"相反，A 与 B 的交点将被减去，其余的线段保留。

　　●交集

　　样条与样条重叠之后会产生一些视觉上的闭合轮廓，交集就是为每个闭合轮廓都创建一个单独的线段。

　　在选择"合集""A 减 B""B 减 A""与""或""交集"时模型的效果对比如图 5.7-4 ～图 5.7-9 所示。

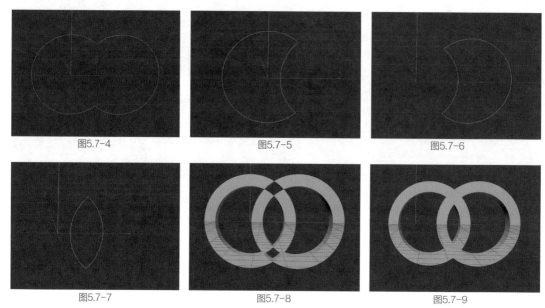

图5.7-4　　　　　　　　　　图5.7-5　　　　　　　　　　图5.7-6

图5.7-7　　　　　　　　　　图5.7-8　　　　　　　　　　图5.7-9

5.8 布尔

　　"布尔生成器"是一个在三维建模软件中常见的工具，用于通过布尔运算来组合或修改三维几何体。布尔运算是一种数学上的逻辑运算，包括联合、相交和相减。在三维建模中，这些运算允许用户将两个或多个几何体合并或分割，以创建复杂的形状。

　　对于"布尔"，单击"对象"标签时的属性栏如图 5.8-1 所示。

图5.8-1

1 布尔类型

　　"布尔类型"用于定义布尔运算模式，在选择"A 加 B""A 减 B""AB 交集"和"AB 补集"模式时模型的效果对比如图 5.8-2 ～图 5.8-5 所示，默认的布尔类型是"A 减 B"，这里需要注意 A 和 B 的层级顺序。

图5.8-2　　　　　　图5.8-3　　　　　　图5.8-4　　　　　　图5.8-5

2 高质量

C4D 的"布尔生成器"的运算方式有"标准布尔"和"高级布尔"两种；默认使用"高级布尔"运算方式，生成具有较少多边形（三边面）的干净线段。禁用"高质量"后，"布尔生成器"将采用"标准布尔"运算方式来运算。

一般情况下会使用"高级布尔"运算方式，但是当应用对象较复杂时，生成结果可能需要更长时间，并且这种方式可能会出现计算错误，如果出现这种情况，可以禁用"高质量"。启用和禁用"高质量"时模型的效果对比如图5.8-6 和图 5.8-7 所示。

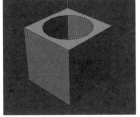
图5.8-6

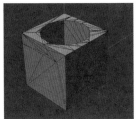
图5.8-7

3 创建单个对象

"创建单个对象"用于定义布尔对象转为"可编辑对象"后，子级是否创建单个对象。禁用后，布尔对象的子级对象作为一个单独的对象；启用后，布尔对象的子级对象会合并成单个可编辑对象。禁用和启用"创建单个对象"命令的效果对比如图 5.8-8 和图 5.8-9 所示。

图5.8-8

图5.8-9

4 隐藏新的边

使用"布尔生成器"计算后，对象会自动生成一些分布不均匀的新边，启用"隐藏新的边"后，除了子对象自有的边以外，布尔运算创建的任何边都会被隐藏。禁用和启用"隐藏新的边"时模型的效果对比如图 5.8-10 和图5.8-11 所示。

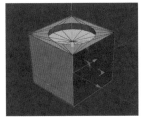
图5.8-10

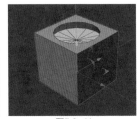
图5.8-11

如果要给"布尔对象"添加"倒角变形器"，启用"隐藏新的边"，可以有效减少表面的凹凸感。禁用"隐藏新的边"添加"倒角变形器"和启用"隐藏新的边"添加"倒角变形器"时模型的效果对比如图 5.8-12 和图 5.8-13 所示，属性栏如图 5.8-14所示。

图5.8-12

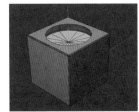
图5.8-13

5 交叉处创建平滑着色（Phong）分割

启用后，当"布尔对象"转为"可编辑对象"时，在布尔交叉处断开平滑着色（只有启用"创建单个对象"时，此设置才会生效）。

图5.8-14

6 选择交界

启用后，当"布尔对象"转为"可编辑对象"时，会自动选择对象的剪切边缘（在边模式时才能看到选择的边缘线）。

7 优化点

启用后，当"布尔对象"转为"可编辑对象"时，这个选项设定的距离内的多个点将被优化合并为一个点（只有启用"创建单个对象"时，"优化点"才会被激活）。

5.9 晶格

"晶格生成器"可以根据子级对象的分段线生成一个新的晶格结构模型，子级对象的所有边都被圆柱代替，所有点都被球体代替。"原始对象分段线"和"晶格化"时模型效果对比如图5.9-1和图5.9-2所示。

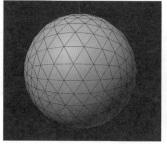
图5.9-1

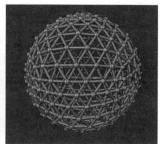
图5.9-2

单击"晶格属性"中"对象"的标签时，属性栏如图5.9-3所示。

1 球体半径

"球体半径"定义阵列生成球体半径的大小。

2 圆柱半径

"圆柱半径"定义阵列生成圆柱半径的大小。

图5.9-3

3 细分数

"细分数"定义圆柱体和球体的细分数量。细分数越大，圆柱体和球体越平滑，占用的内存也越多，细分数最小数值为3。"细分数"为3、5、10时模型效果对比如图5.9-4～图5.9-6。

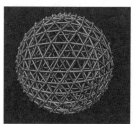
图5.9-4

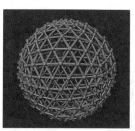
图5.9-5

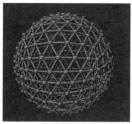
图5.9-6

4 单个元素

"单个元素"定义"晶格"转为"可编辑对象"后，圆柱体和球体是否作为单独元素。启用"单个元素"后，每个圆柱体和球体都将成为单独的对象；禁用"单个元素"后，圆柱体和球体会合并成单个可编辑对象。"晶格生成器"、禁用"单个元素"和启用"单个元素"时如图5.9-7～图5.9-9所示。

图5.9-7

图5.9-8

图5.9-9

5.10 减面

"减面生成器"可以让原始模型在尽量保持原始形态的情况下，最大限度地减少模型的面数。当场景中的模型面数特别多时，视图操作就会较慢，渲染的速度也会变慢，情况严重时甚至会让计算机卡顿、崩溃。如果模型面数很多且位于场景中较远的地方，可以通过给模型减面，来减轻计算机负担。通过"减面生成器"处理的模型，面都会被处理成三角面。不同减面强度的效果如图 5.10-1 ～图 5.10-3 所示。

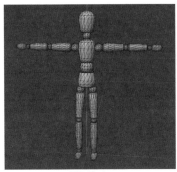
图5.10-1

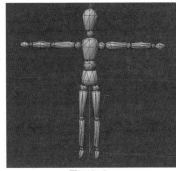
图5.10-2

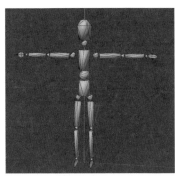
图5.10-3

"减面生成器"属性中"对象"标签的属性如图 5.10-4 所示。

图5.10-4

1 减少子集组合

默认禁用"减少子集组合"，禁用后，减面生成器会自动将子级下的所有对象视为一个对象；启用后，会自动识别所有子级对象，并将每个对象视为单独的一个对象。

将模型减面强度设为 90%，禁用该项后，每个子级都单独减少 90%；启用该项后，所有子级作为一个对象一起减少 90%。原始模型、禁用"减少子集组合"和启用"减少子集组合"分别如图 5.10-5 ～图 5.10-7 所示。

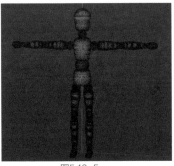

图5.10-5

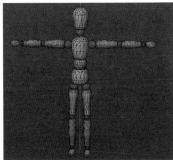
图5.10-6

图5.10-7

2 减面强度

创建"减面生成器"后，系统会用一小段时间来预算减面的过程（预算时间由子对象模型的多边形数量决定，如果子对象模型的多边形数量较多，则预算时间可能会较长），预算结束后，通过修改减面强度来定义子对象面数要减少多少百分比，数值越高，被减去的面数越多。0% 为不减面，但是模型的面会转变为三角面，100% 为减去所有的面。

3 三角数量

定义减少对象三角面的数量。

4 顶点数量

定义减少对象的顶点数。

5 剩余边

定义剩余的边的总数。

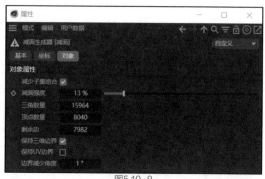

图5.10-8

启用"减少子集组合"后，"三角数量"和"顶点数量"才会被激活。减面强度、三角数量、顶点数量、剩余边这 4 个参数是相关联的，修改其中任意一个参数，另外 3 个参数也会相应地更改，如图 5.10-8 ~ 图 5.10-10 所示。

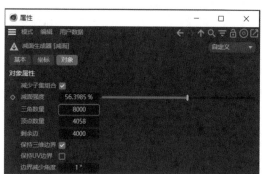

图5.10-9

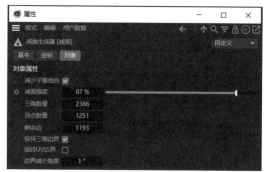

图5.10-10

6 保持三维边界

默认启用"保持三维边界"，启用后，会通过保护子对象的边界线来保持边界形状，启用和禁用"保持三维边界"时模型效果对比如图 5.10-11 和图 5.10-12 所示。

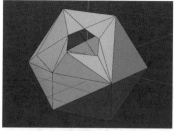

图5.10-11

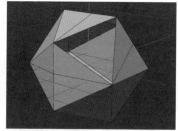

图5.10-12

7 保持 UV 边界

启用"保持 UV 边界"后，会通过保护子对象的"UV 边界"来保持 UV 的完整。如果模型已经设置 UV 并赋予纹理，启用"保持 UV 边界"则可以保护纹理不被破坏。

8 边界减少角度

用于定义边界共线边缘的保持程度。启用"保持三维边界"后，"边界减少角度"的设置才会生效。

5.11 融球

使用"融球"可以将两个或多个模型融为一个模型，这些模型的距离和位置决定了融球的效果。其属性栏如图 5-11-1 所示。

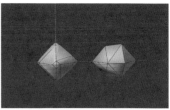

图5.11-1

5.11.1 重点参数

下面介绍"融球"的重点参数。

1 外壳数值

用于设置物体与物体之间融合的程度，数值越大，物体与物体融合的程度越小。"外壳数值"分别为 100%、300%、600% 时模型的效果如图 5.11-2～图 5.11-4 所示。

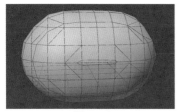

图5.11-2　　　　　　　　　　图5.11-3　　　　　　　　　　图5.11-4

2 视窗细分

数值越小，模型的细分越多。

3 渲染细分

数值越小，渲染时细分越多。

4 指数衰减

选中该复选框，模型以指数方式进行衰减。

5 精确法线

选中该复选框，模型将使用精确法线。

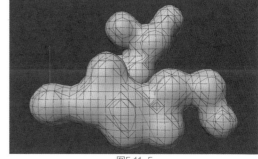

图5.11-5

5.11.2 实例：制作有趣的融球

本例使用"融球"将多个球体融合在一起，变成有趣的粘连的融球，如图 5.11-5 所示。

步骤 01 创建两个球体，设置"球体"的"半径"为 100cm，设置"球体 .1"的"半径"为 80cm，如图 5.11-6 和图 5.11-7 所示。

图5.11-6

图5.11-7

步骤 02 执行"融球"命令，创建融球。按住鼠标左键并拖曳"球体"和"球体 .1"到"融球"上，出现"↓"图标时松开鼠标，如图 5.11-8 所示。

图5.11-8

步骤 03 单击"融球"，设置"视窗细分"为 20cm，如图 5.11-9 所示。

步骤 04 此时两个球融合在一起，如图 5.11-10 所示。

步骤 05 使用同样的方法制作出 3 个小球的融球效果，如图 5.11-11 所示。

步骤 06 使用同样的方法制作出多个小球的融球效果，最终完成效果如图 5.11-12 所示。

图5.11-9

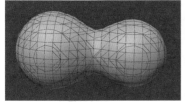

图5.11-10

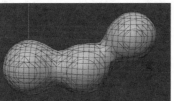

图5.11-11

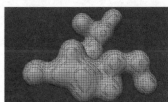

图5.11-12

5.12 克隆

使用"克隆"可以将模型进行复制，复制方式包括对象、线性、放射、网格、蜂窝。将模型拖曳至"克隆"的下方即可完成克隆，如图 5.12-1 所示。

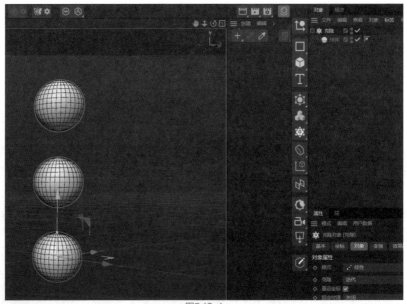

图5.12-1

5.12.1 重点参数

下面讲解"克隆"的重点参数。

1 模式

用于设置"克隆"模式，包括对象、线性、放射、网格、蜂窝。

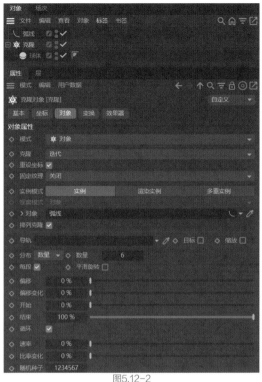

图5.12-2

2 对象模式

创建样条，并将样条拖曳至"对象"中，即可使模型沿着样条分布，如图 5.12-2 所示，此时效果如图 5.12-3 所示。

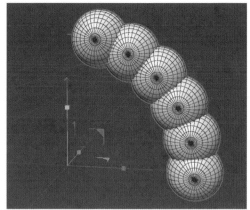

图5.12-3

3 线性模式

此模式下，模型会沿直线进行"克隆"复制，如图 5.12-4 所示。

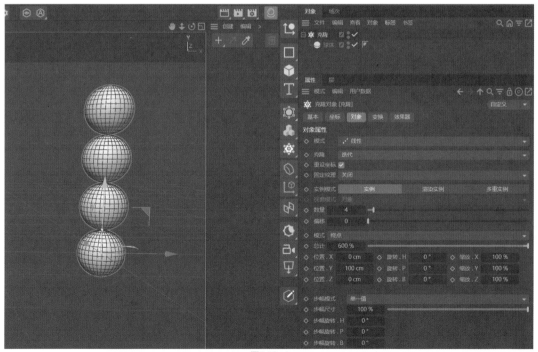

图5.12-4

4 放射模式

此模式下，可以使模型产生放射状"克隆"复制的效果，如图 5.12-5 所示。

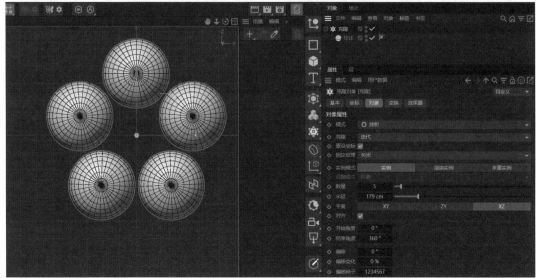

图5.12-5

5 网格排列模式

可以使模型产生 3 个轴向的网格"克隆"复制，如图 5.12-6 所示。

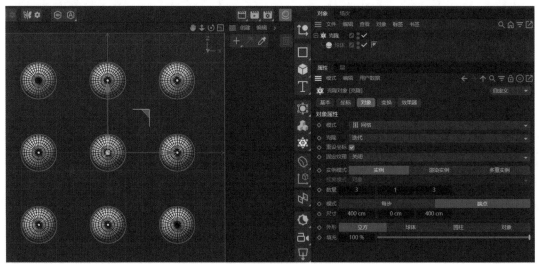

图5.12-6

5.12.2 对象模式

设置"模式"为"对象"时的属性栏，如图 5.12-7 所示。

1 对象

将样条线拖曳到对象中，此时将沿着样条线进行"克隆"复制。

2 排列克隆

选中该复选框，克隆的物体会随着样条线的路径进行一定的旋转。

3 导轨

设置克隆物体的导轨。

4 分布

设置克隆物体的分布方式，有数量、步幅、平均、顶点和轴心 5 种方式。

（1）数量

设置克隆物体的数量。

（2）步幅

设置固定的距离，在样条线上进行平均排列。

（3）平均

将克隆物体按照克隆的数量进行平均排列。

（4）顶点

克隆物体只出现在样条线的顶点上。

（5）轴心

克隆物体在样条线的轴心上。

5 每段

选中该复选框后，会改变克隆物体之间的间隔。

6 偏移 / 偏移变化

设置克隆物体的偏移及偏移的变化比例。

7 开始 / 结束

设置克隆物体的开始与结束位置。

8 循环

选中该复选框后，克隆物体将出现循环效果。

5.12.3 线性模式

设置"模式"为"线性"时的属性栏，如图 5.12-8 所示。

1 数量

设置克隆物体的数量。

2 偏移

设置克隆物体的偏移数值。

3 模式

设置克隆物体的距离，有每步和终点两种方式，默认为每步。

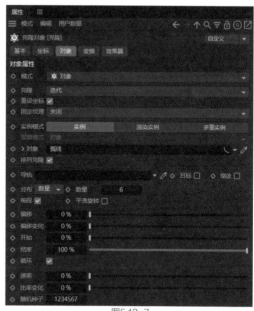

图5.12-7

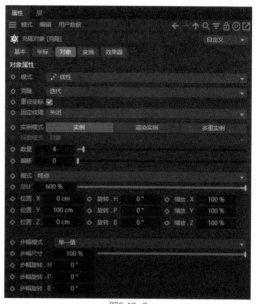

图5.12-8

（1）每步

设置克隆的每个物体间的距离。

（2）终点

克隆物体的第一个与最后一个之间的距离已经固定，只在该范围内进行克隆。

4 总计

设置当前数值的百分比。

5 位置 .X/.Y/.Z

设置克隆物体不同轴向上物体之间的间距，数值越大，克隆物体之间的间距越大。

6 缩放 .X/.Y/.Z

设置克隆物体的缩放效果。根据不同轴向上的缩放比例，可以使克隆物体呈现出递进或递减的效果。当 3 个缩放数值相同时，可以称为等比缩放。

7 旋转 .H/.P/.B

设置沿着物体旋转的角度，每一个克隆物体的旋转都是在前一个物体的基础上进行旋转。

8 步幅模式

该模式有单一值和累计两种，单一值是将物体之间的变化进行平均处理，累计是指克隆物体在前一个物体的效果上再进行变化。其通常与步幅尺寸和步幅旋转 .H/.P/.B 结合使用。

9 步幅尺寸

设置克隆物体之间的步幅尺寸，只影响克隆对象之间的距离，不影响其他属性参数。

10 步幅旋转 .H/.P/.B

设置克隆物体的旋转角度。

5.12.4 放射模式

设置"模式"为"放射"时的属性栏，如图 5.12-9 所示。

1 偏移

设置克隆物体的偏移。

2 偏移变化

设置偏移的变化程度。

3 偏移种子

设置偏移距离的随机性。

5.12.5 网格模式

设置"模式"为"网格"时的属性栏，如图

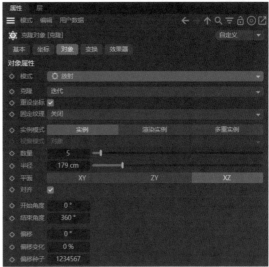

图5.12-9

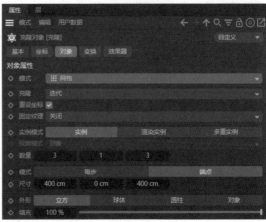

图5.12-10

5.12-10 所示。

1 数量

设置克隆物体在 X/Y/Z 上的数量。

2 模式

有端点和每步两种。

3 尺寸

设置克隆物体之间的距离。

4 外形

设置"克隆"的形状，有立方、球体、圆柱和对象 4 种方式。

5 填充

设置模型中心的填充程度。

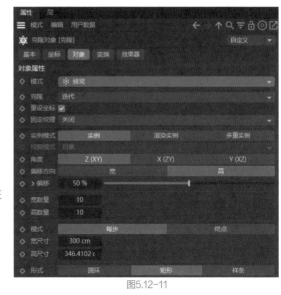

图5.12-11

5.12.6 蜂窝模式

设置"模式"为"蜂窝"时的属性栏，如图 5.12-11 所示。

1 角度

克隆物体可以沿着 Z（XY）/ X（ZY）/ Y（XZ）方向进行克隆。

2 偏移方向

设置偏移的方向，有高和宽两种方式。

3 宽数量 / 高数量

设置"克隆"的蜂窝阵列大小。

4 形式

设置克隆物体排列的形状。

5.12.7 实例

本例通过应用"克隆"效果器制作卡通摩天轮，如图 5.12-12 所示。

图5.12-12

步骤 01 长按"立方体"工具，在场景中新建一个圆环体模型，并修改模型"圆环半径"为 130cm、"导管半径"为 6cm，如图 5.12-13 所示。

图5.12-13

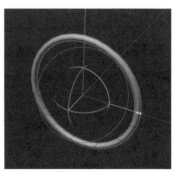

图5.12-14

步骤 02 单击"旋转"工具，同时按住鼠标左键和 Shift 键，将其沿 Y 轴旋转 90°，并适当调整位置，如图 5.12-14 所示。

步骤 03 长按"立方体"工具，在场景中新建一个圆柱体模型，并修改模型"半径"为 3cm、"高度"为 160cm，如图 5.12-15 所示。

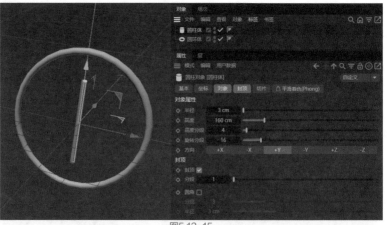

图5.12-15

步骤 04 左键单击选中圆柱体，在最上方工具栏中找到运动图形，按住 Alt 键单击"克隆"工具，调整"模式"为放射，调整"平面"为 XY，调整"数量"为 22，如图 5.12-16 所示。

步骤 05 长按"立方体"工具，在场景中新建一个圆柱体模型，修改模型"半径"为 30cm、"高度"为

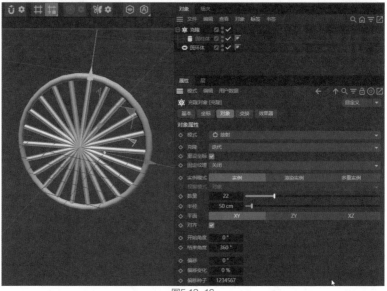

图5.12-16

50cm。单击"旋转"工具，同时按住鼠标左键和 Shift 键，将其沿 Y 轴旋转 90°，并适当调整位置，如图 5.12-17 所示。

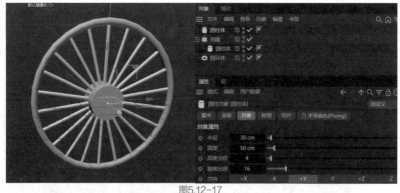

图5.12-17

步骤 06 长按"矩形"工具，在场景中新建一个"多边"样条，修改"侧边"为 3。按 C 键

将其转换成可编辑对象。在顶部工具栏找到"点"编辑工具并单击，按 Ctrl+A 键全选点。单击右键，选择"倒角"，将"半径"改为 20cm，如图 5.12-18 所示。

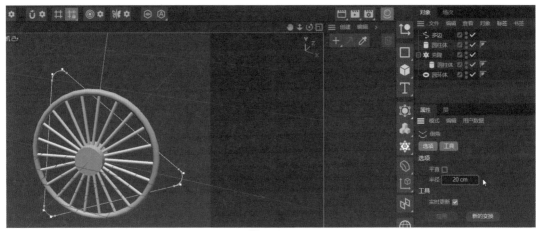

图5.12-18

步骤 07 选中多边样条，单击最左侧的"旋转"工具，同时按住鼠标左键和 Shift 键，将其沿 Z 轴旋转 30°。在顶部工具栏中找到坐标系统工具并单击，调整多边样条到合适的位置，然后再次单击坐标系统工具，如图 5.12-19 所示。

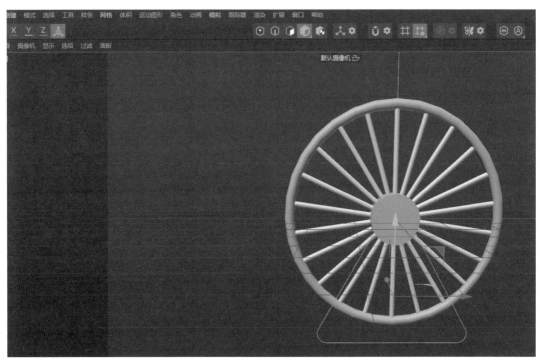

图5.12-19

步骤 08 长按"细分曲面"工具，按住 Alt 键单击"扫描"工具，按住"矩形"工具创建"圆环"，修改圆环"半径"为 5cm，并拖曳到"扫描"工具的下方，如图 5.12-20 所示。

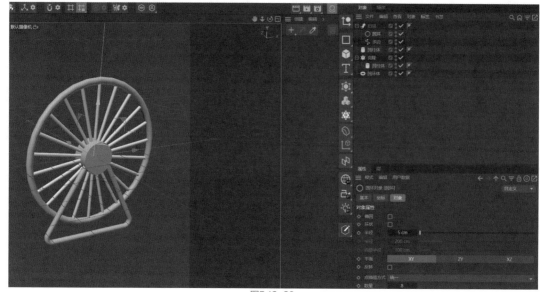

图5.12-20

步骤 09 选中"扫描",依次按 Ctrl+C 键、Ctrl+V 键复制并粘贴,得到"扫描 1",调整"扫描 1"的位置,如图 5.12-21 所示。

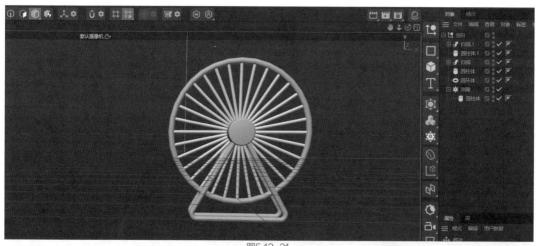

图5.12-21

5.13 破碎(Voronoi)

使用"破碎(Voronoi)"可以将模型处理为碎片效果。在"对象/场次/内容浏览器"中选择模型,并将其拖动到"破碎(Voronoi)"位置上,当出现"↓"图标时松开鼠标,如图 5.13-1 所示。产生破碎效果的宝石如图 5.13-2 所示。

图5.13-1

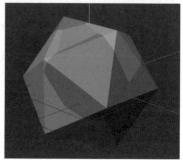

图5.13-2

"破碎（Voronoi）"的属性栏如图 5.13-3 所示。

下面通过应用"破碎（Voronoi）"制作文字错位效果，如图 5.13-4 所示。

图5.13-3

图5.13-4

步骤 01 单击"文本样条"，选择"文本"，如图 5.13-5 所示。在"对象"选项卡中设置"深度"为 40cm、"细分数"为 6，并设置合适的文本内容和字体，如图 5.13-6 所示。

图5.13-5

图5.13-6

步骤 02 选择"运动图形"下的"破碎（Voronoi）"，如图 5.13-7 所示。再选择"文本"，将其拖曳到"破碎（Voronoi）"位置上，当出现"↓"图标时松开鼠标，如图 5.13-8 所示。

图5.13-7

图5.13-8

步骤 03 选择"破碎（Voronoi）"，在"对象"选项卡中设置"偏移碎片"为 5cm，如图 5.13-9 所示。

步骤 04 选择"破碎（Voronoi）"，按 Ctrl+C 键将其进行复制，按 Ctrl+V 键将其进行粘贴，如图 5.13-10 所示。

图5.13-10

步骤 05 选择"破碎（Voronoi）.1"，在"对象"选项卡中选中"反转"复选框，如图 5.13-11 所示，效果如图 5.13-12 所示。

图5.13-11

图5.13-9

图5.13-12

步骤 06 单击"移动"工具，将其沿着 Z 轴进行移动，最终效果如图 5.13-13 所示。

图5.13-13

5.14 体积生成

"体积生成"是将对象体素化，只有将对象体素化后，才能使用"体积网格"将"体积生成"转为真实模型。注意层级关系，对象为"体积生成"的子级，"体积生成"为体积网格的子级，禁用和启用"体积网格"时模型的效果对比如图 5.14-1 和图 5.14-2 所示。

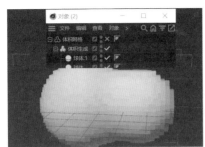
图5.14-1

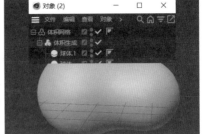
图5.14-2

5.14.1 体积生成 – 对象

对于"体积生成",单击"对象"标签时的属性栏,如图5.14-3 所示。

1 体素类型

"体素类型"不同,会有不同的混合模式,而且最后生成的"体积网格"也会不同。禁用"体积网格"且"体素类型"为 SDF、禁用"体积网格"且"体素类型"为雾、启用"体积网格"且"体素类型"为 SDF、启用"体积网格"且"体素类型"为雾时模型的效果对比如图 5.14-4 ~图 5.14-7 所示。

图5.14-3

图5.14-4

图5.14-5

图5.14-6

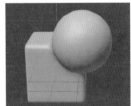
图5.14-7

图5.14-8

（1）SDF

该模式下,两个对象只有"加""减""相交"3 种混合模式。图 5.14-8 所示为 SDF 模式属性栏。体素尺寸均为5,"加"模式、"减"模式和"相交"模式下模型效果对比如图 5.14-9 ~图 5.14-11 所示。

图5.14-9

图5.14-10

图5.14-11

（2）雾

该模式下,两个对象的混合模式会更多,有"普通""最大""最小""加""减""乘""除"7种。图5.14-12所示为雾模式属性栏。体素尺寸为5cm时,"普通"模式、"最大"模式、"最小"模式、"加"模式、"减"模式、"乘"模式和"除"模式下模型的效果对比如图5.14-13~图5.14-19所示。

图5.14-12

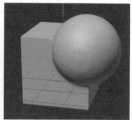

图5.14-13　　　　　　图5.14-14

图5.14-15　　　　　　图5.14-16

图5.14-17　　　　　图5.14-18　　　　　图5.14-19

2 体素尺寸

"体素尺寸"可以理解为模型精度,体素越小模型越精细,但占用的内存也会越大。在相同体素尺寸的前提下,将光影着色(线条)与光影着色放在同一张图片中,以便于观察对比,"体素尺寸"为10cm和2cm时模型的效果对比如图5.14-20和图5.14-21所示。

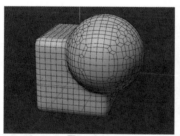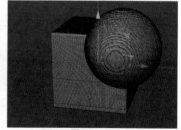

图5.14-20　　　　　　　　图5.14-21

5.14.2 SDF 平滑

位于"SDF 平滑"下方的所有对象最后形成的体积网格平滑,位于"SDP 平滑"上方的对象则不受影响。图5.14-22所示为 SDF 平滑属性栏。体素尺寸均为2cm,"SDF 平滑"在球上方和球下方时模型的对比如图5.14-23和图5.14-24所示。

图5.14-22

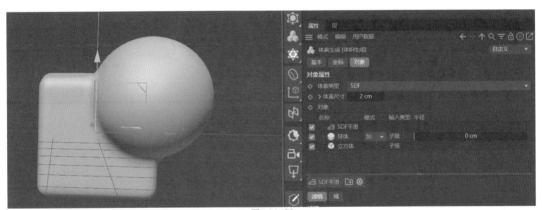

图5.14-23

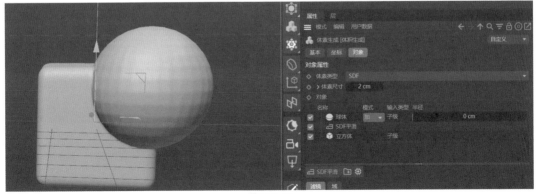

图5.14-24

1 执行器

通过不同的滤镜模式产生平滑，有"高斯""平均""中值""平均曲率""拉普拉斯流"几种类型，未添加"SDF 平滑""执行器"选择"高斯""平均""中值""平均曲率""拉普拉斯流"时模型的效果对比如图 5.14-25 ~ 图 5.14-30 所示。

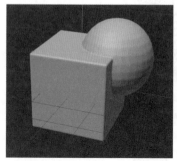
图5.14-25

图5.14-26

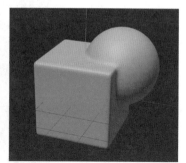
图5.14-27

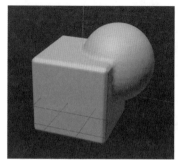
图5.14-28

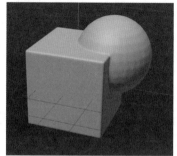
图5.14-29

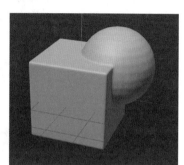
图5.14-30

2 体素距离和迭代

"体素距离"是通过体素间的距离优化，距离增大也能增加平滑。"迭代"是"SDP 平滑"的计算次数，迭代次数越多，理论上越平滑，但是会有更多的计算量。"高斯"模式下，"体素距离"数值为 1 且"迭代"数值为 1、"体素距离"数值为 4 且"迭代"数值为 1 和"体素距离"数值为 4 且"迭代"数值为 4 时模型的效果对比如图 5.14-31 ~ 图 5.14-33 所示。

图5.14-31

图5.14-32

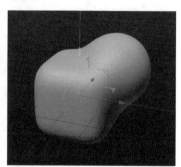
图5.14-33

06 第 6 章

变形器建模

变形器是一种用于修改或变形对象的几何形状的工具，它们在 C4D 中被广泛应用于创建复杂的动画和建模效果。通过使用变形器，用户可以在 C4D 中创造出各种动态和有机的模型，从简单的形状变化到复杂的动画效果。

图6.1-1

6.1 认识变形器建模

变形器建模通常是指在计算机图形学和动画领域中，使用变形器对 3D 模型进行形状变化的技术。变形器是一系列算法或工具，它们能够改变 3D 模型的几何形状，以实现动画效果或模拟物理现象。在菜单栏中单击"创建"即可找到"变形器"选项，如图 6.1-1 所示。

最常用的变形器工具有弯曲、膨胀、锥化、扭曲、FFD、样条约束等。接下来对变形器建模进行详细讲解。

6.2 弯曲

在 C4D 中，变形器是用于改变对象形状的工具。其中，"弯曲"变形器是常用的一种，它可以沿着一个轴向对对象进行弯曲，如图 6.2-1 所示。

图6.2-1

例如，管道弯曲前如图 6.2-2 所示，弯曲后如图 6.2-3 所示。

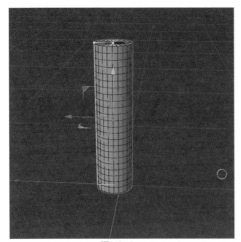
图6.2-2

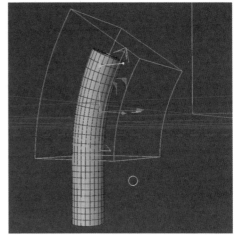
图6.2-3

● 尺寸

设置"弯曲"变形框架的尺寸，调整弯曲变形器的强度或者影响范围，如图 6.2-4 所示。

● 模式

设置弯曲模型。

● 强度

根据不同参数设置弯曲强度。

● 角度

根据不同参数设置弯曲角度。

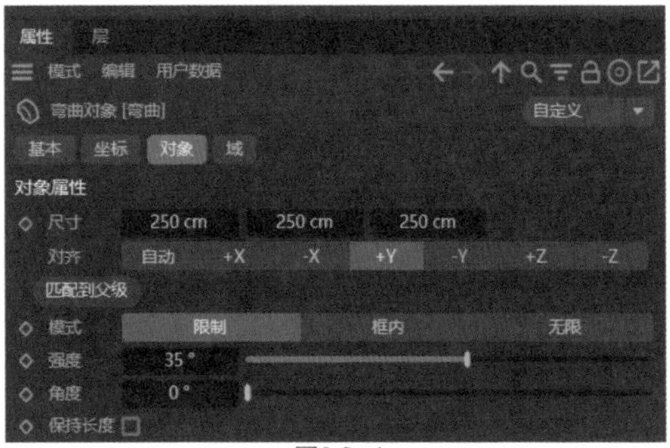

● 匹配到父级

"匹配到父级"是指将一个对象的变换（位置、旋转、缩放）与它的父级对象同步。

● 实例

本例通过"弯曲"变形工具，快速制作出弯头管道。

步骤 01 增加"管道"立方体对象，设置其参数分段，如图 6.2-5 和图 6.2-6 所示。

图6.2-4

图6.2-5

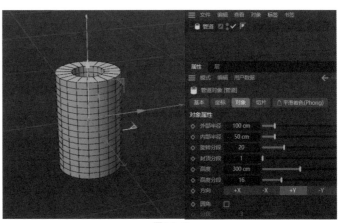
图6.2-6

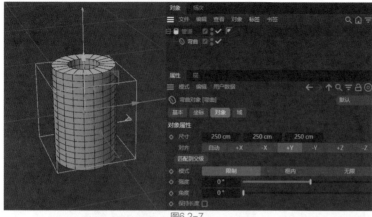

图6.2-7

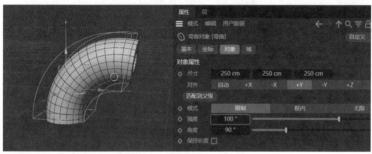

图6.2-8

图6.2-9

步骤 02 在菜单栏中选择"创建"—"变形器"—"弯曲"命令，然后在"对象管理器"中将弯曲拖至管道的子级，如图 6.2-7 所示。

步骤 03 在属性栏中设置弯曲的强度、角度等参数，如图 6.2-8 所示。

步骤 04 最终效果如图 6.2-9 所示。

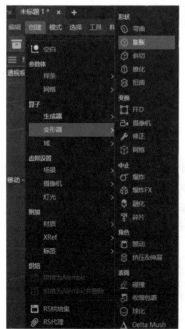

图6.3-1

6.3 膨胀

"膨胀"变形器是一种在 3D 建模和动画软件中使用的变形工具，它允许用户对模型的特定部分进行膨胀或收缩操作。这种工具通常用于模拟物体或角色的膨胀效果，例如气球充气、肌肉膨胀，或者任何需要膨胀效果的动画场景，如图 6.3-1 ~ 图 6.3-3 所示。

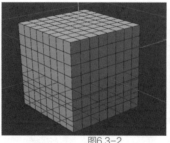

图6.3-2

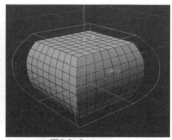

图6.3-3

●尺寸

设置"膨胀"变形框架的尺寸，调整膨胀变形器的强度或者影响范围，如图 6.3-4 所示。

●模式

设置膨胀模型。

●强度

根据不同参数设置膨胀强度。

●弯曲

根据不同参数设置膨胀弯曲程度。

●圆角

丰富模型曲线。

●实例

本例通过"膨胀"变形工具制作花瓶。

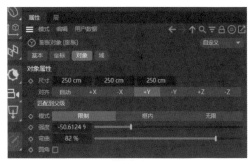

图6.3-4

步骤 01 增加"管道"立方体对象，设置其参数分段，如图 6.3-5 和图 6.3-6 所示。

图6.3-5

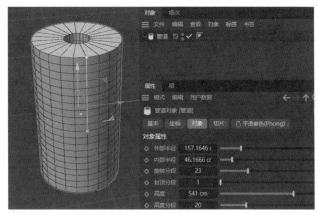

图6.3-6

步骤 02 在菜单栏中选择"创建"—"变形器"—"膨胀"，然后在"对象管理器"中将膨胀拖至管道的子级，如图 6.3-7 所示。

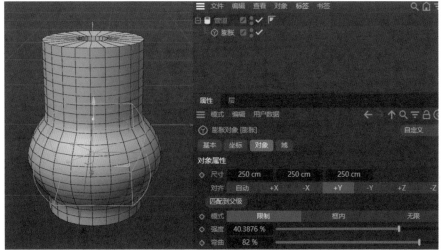

图6.3-7

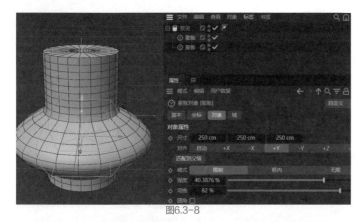

图6.3-8

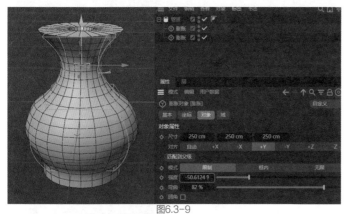

图6.3-9

步骤 03 按住 Ctrl 键同时拖动"对象管理器"中的"膨胀"，复制出一个新的"膨胀"变形器并将其拖至管道的子级，如图 6.3-8 所示。

步骤 04 调整"膨胀"变形器 2 的位置，将其向上拖动，并在属性栏中调整参数，如图 6.3-9 所示。

步骤 05 最终效果如图 6.3-10 所示。

图6.3-10

图6.4-1

6.4 锥化

"锥化"变形器是一种在 3D 建模和动画软件中使用的变形工具，它主要用于改变模型的形状，使其在特定方向上逐渐变细或变宽。"锥化"变形器可被应用于多种场景，例如模拟物体的尖端、制作武器的刀刃，或者在角色动画中调整肢体的形状等，如图 6.4-1 ～图 6.4-3 所示。

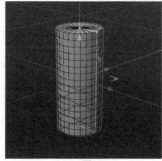

图6.4-2

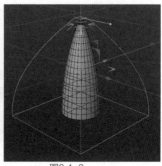

图6.4-3

●尺寸

设置"锥化"变形框架的尺寸，调整锥化变形器的强度或者影响范围，如图 6.4-4 所示。

●模式

设置锥化模型。

●强度

根据不同参数设置锥化强度。

●弯曲

根据不同参数设置锥化弯曲程度。

●圆角

丰富模型曲线。

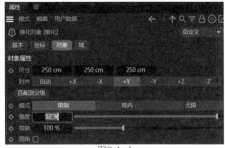

图6.4-4

6.5 扭曲

"扭曲"变形器是一种在 3D 建模和动画软件中使用的变形工具，它允许用户在模型上创建旋转或扭曲的效果。这种变形可以模拟各种自然现象和动画效果，例如螺旋桨的旋转、植物的螺旋生长，或者角色肢体的扭曲动作，如图 6.5-1~ 图 6.5-3 所示。

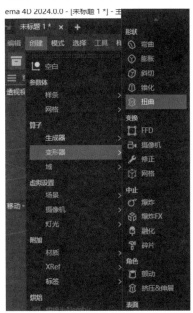

图6.5-1

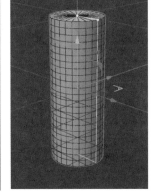

图6.5-2

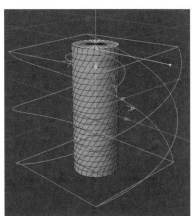

图6.5-3

●尺寸

设置"扭曲"变形框架的尺寸，调整扭曲变形器的强度或者影响范围，如图 6.5-4 所示。

●模式

设置扭曲模型。

●角度

根据不同参数设置扭曲角度。

●实例

本例通过"扭曲"变形工具制作卷曲纸片效果。

图6.5-4

步骤 01 增加平面对象，设置其参数分段，如图 6.5-5 和图 6.5-6 所示。

步骤 02 在菜单栏中选择"创建"—"变形器"—"扭曲"，然后在"对象管理器"中将扭曲拖至平面的子级，如图 6.5-7 所示。

图6.5-5

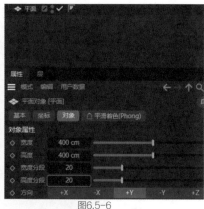

图6.5-6

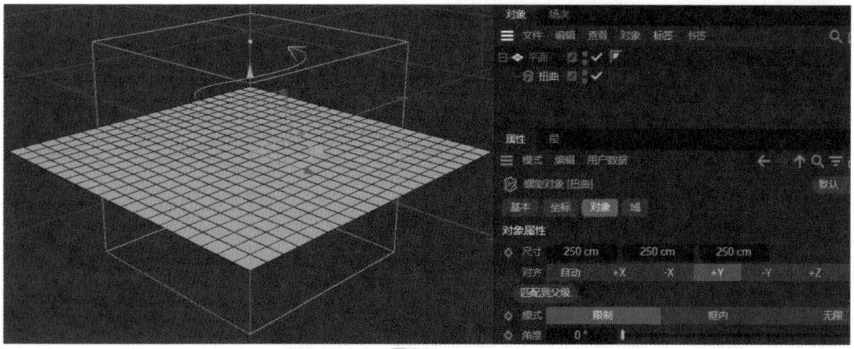

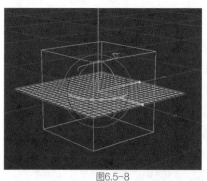

图6.5-7

步骤 03 按快捷键 R，使用旋转工具将平面旋转 90°，使其垂直于地面，如图 6.5-8 和图 6.5-9 所示。

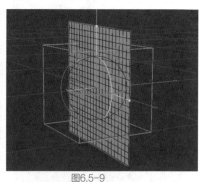

图6.5-8

图6.5-9

步骤 04 调整扭曲变形器的位置，并在属性栏中调整参数，如图 6.5-10 所示。

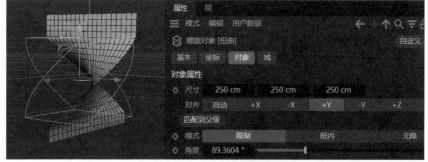

图6.5-10

步骤 05 最终效果如图 6.5-11 所示。

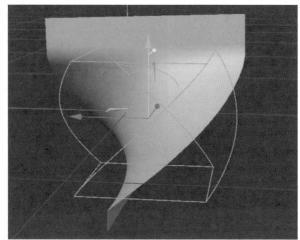

图6.5-11

6.6 FFD

"FFD"是一种在 3D 建模和动画软件中广泛使用的高级变形技术，它允许用户通过控制点对模型进行非线性的、自由形态的变形。这种技术非常灵活，可以用来创建各种复杂的形状变化，如图 6.6-1～图 6.6-3 所示。

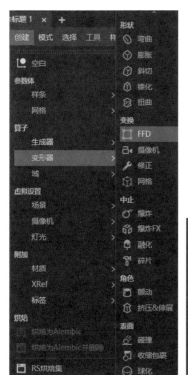

图6.6-1

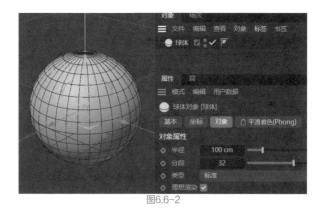

图6.6-2

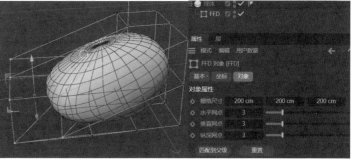

图6.6-3

● 栅格尺寸

对模型外部栅格框架的尺寸进行调整，如图 6.6-4 所示。

● 水平网点

对栅格的水平网点个数进行调整。

● 垂直网点

对栅格的垂直网点个数进行调整。

● 纵深网点

对栅格的纵深网点个数进行调整。

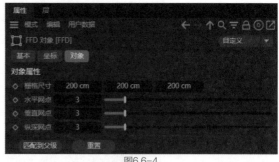

图6.6-4

6.7 样条约束

"样条约束"是一种在 3D 建模和动画软件中使用的技术，它允许用户对模型或动画的关键帧进行约束，以确保它们沿着特定的路径或曲线运动。样条曲线是一种在数学上定义的平滑曲线，常用于计算机图形学中创建平滑的过渡和动画路径，如图 6.7-1 所示。

图6.7-1

使用"样条"工具绘制样条，然后创建立方体并修改其属性参数。在菜单栏中选择"创建"—"变形器"—"样条约束"，将"样条约束"拖至立方体下的子级，如图 6.7-2 ~ 图 6.7-5 所示。

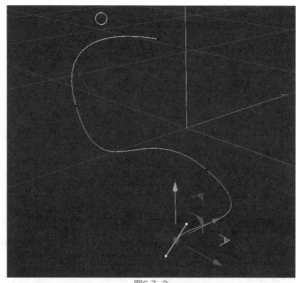

图6.7-2

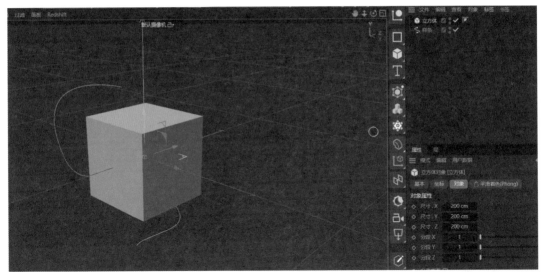

图6.7-3

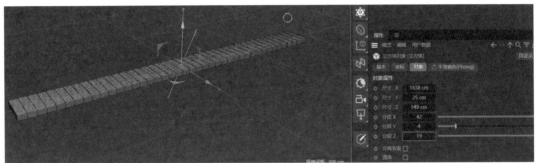

图6.7-4

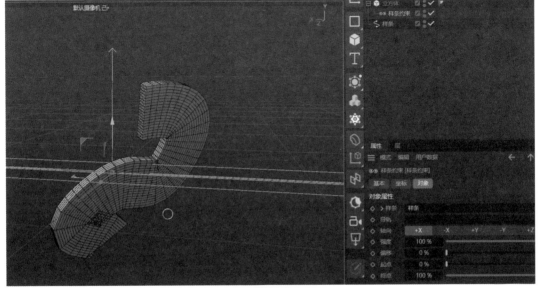

图6.7-5

●强度
对样条约束的强度进行调整，如图 6.7-6 所示。
●偏移
对样条路径的偏移参数进行调整。
●起点
对样条的起点进行调整。
●终点
对样条的终点进行调整。
●模式
对样条模式进行选择调整。

图6.7-6

图6.8-1

6.8 置换

"置换"是一种在 3D 图形学中用来增加模型表面细节的技术。它通过改变模型表面的顶点位置来创建微小的凹凸不平或纹理效果，从而在不增加几何复杂度的情况下，增强视觉效果的真实性，如图 6.8-1 所示。

创建平面，修改其属性参数，然后在菜单栏中选择"创建"—"变形器"—"置换"，并将其拖至平面下的子级，如图 6.8-2 和图 6.8-3 所示。单击属性栏中"着色器"，选择"噪波"，修改内部参数，可以得到近似水面的置换效果，如图 6.8-4 所示。

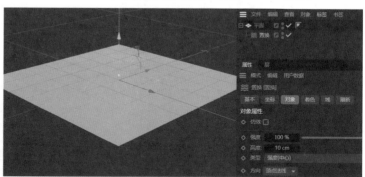

图6.8-2

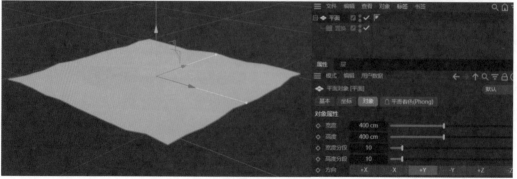

图6.8-3

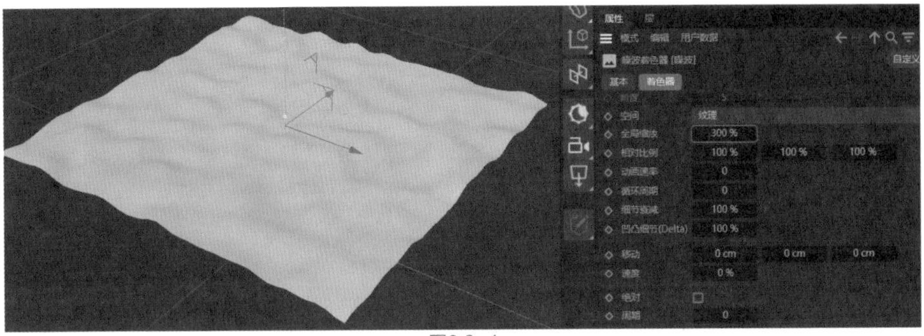

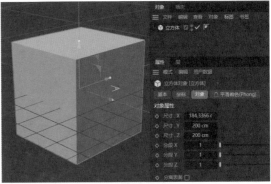

图6.8-4

6.9 行业应用案例

　　变形器是一种用于改变对象形状的工具。变形器可以应用于 3D 模型，使其发生形变，从而创造出各种动态效果和复杂的形状变化。C4D 中的变形器非常灵活，可以单独使用，也可以结合使用，用来创建复杂的效果。通过合理地应用变形器，可以极大地丰富 3D 模型的视觉效果和动态表现。

　　以下是螺旋桨建模应用案例。

　　步骤 01 创建立方体，如图 6.9-1所示。

　　步骤 02 调整立方体的宽度及厚度，如图 6.9-2 所示。

　　步骤 03 将目标物体转为可编辑对象，选择"点"模式，框选上面 4个点，按缩放快捷键 T 将上方拉宽、下方缩小，如图 6.9-3 所示。

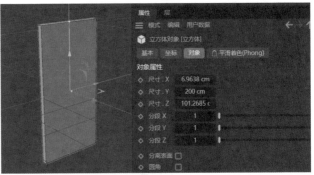

图6.9-1

图6.9-2

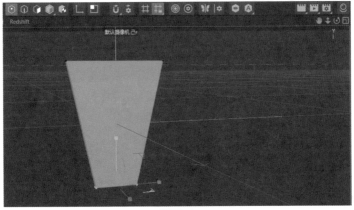

图6.9-3

步骤 04 用路径切割工具（快捷键为 K+L）居中加一条线，如图 6.9-4 所示。

步骤 05 框选上方的两个点向上拖曳，下方两个点向下拖曳，按快捷键 K+L 增加物体分段，如图 6.9-5 所示。

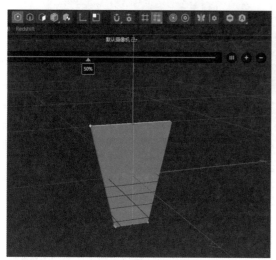
图6.9-4

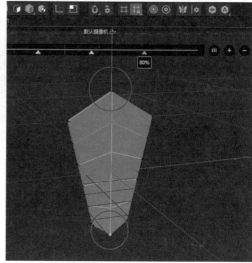
图6.9-5

步骤 06 单击细分曲面，将立方体拖至细分曲面的子级，如图 6.9-6 所示。

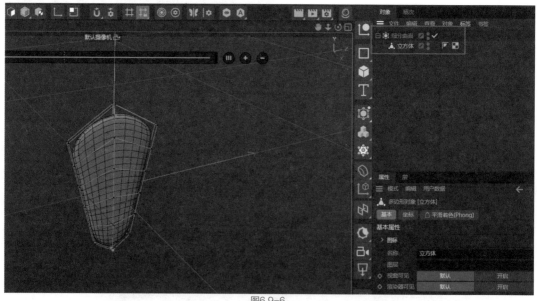
图6.9-6

步骤 07 将细分曲面和立方体进行群组，创建"扭曲"变形器，如图 6.9-7 所示。

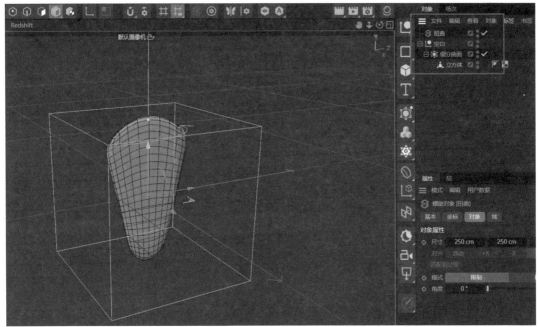

图6.9-7

步骤 08 调整"扭曲"属性栏中的"角度"为 25°，将"扭曲"变形器拖至空白子级，并在属性栏中单击"自动"和"匹配到父级"，如图 6.9-8 所示。

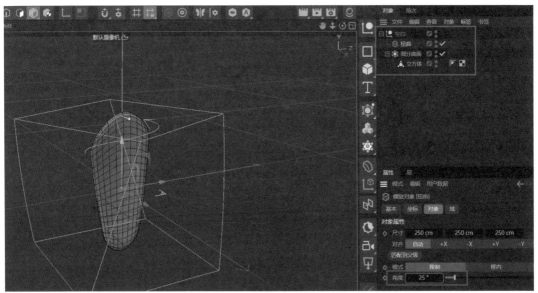

图6.9-8

步骤 09 选中"对象管理器"中的所有对象，单击鼠标右键，在弹出的快捷菜单中选择"连接对象 + 删除"，如图 6.9-9 所示。

步骤 10 将细分曲面向上拖曳，创建克隆，如图 6.9-10 所示。

步骤 11 将细分曲面拖至克隆子级，如图 6.9-11 所示。

图6.9-9   图6.9-10

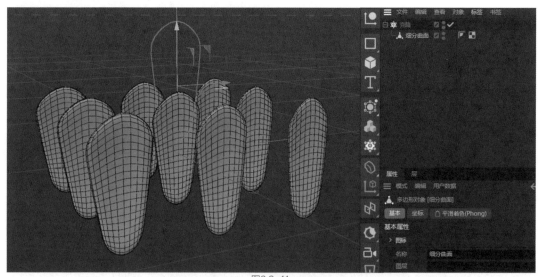

图6.9-11

步骤 12 改变"克隆"属性栏中的参数,将模式改为"放射",平面改为"ZY",并调整半径将叶片移动,如图 6.9-12 所示。

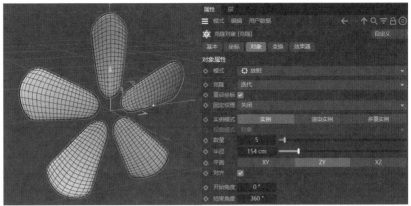

图6.9-12

步骤 13 创建圆柱体,将其旋转 90°并放大拉宽,如图 6.9-13 所示。

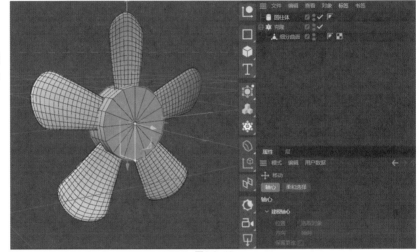

图6.9-13

步骤 14 将圆柱体变为可编辑对象,右键嵌入后,将黄色圆形区域缩小,然后使用移动工具,按住 Ctrl 键拖动,拖放两次。使用缩放工具放大平面并再次拖动,拖放两次。最后将圆柱体直接拖出,如图 6.9-14 和图 6.9-15 所示。

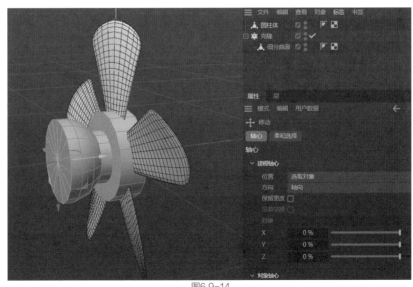

图6.9-14

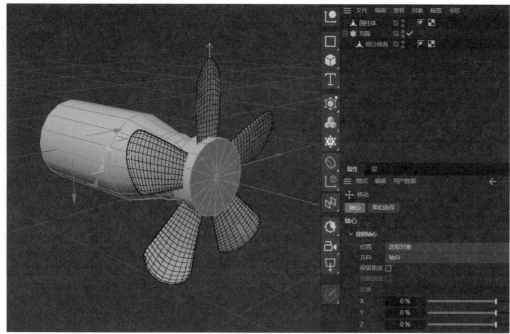

图6.9-15

步骤 15 最终效果如图 6.9-16 所示。

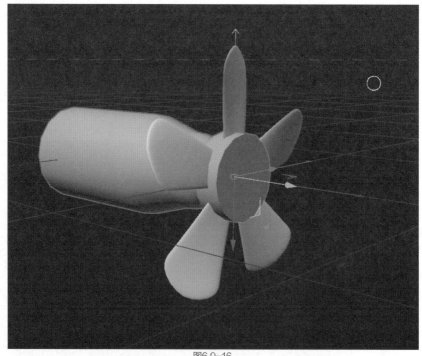

图6.9-16

07

第 7 章

多边形建模

　　多边形建模是三维图形设计中的核心技术之一，广泛应用于电影、游戏、动画和建筑可视化等领域。

7.1　认识多边形

　　多边形建模是一种强大的三维建模技术，它允许艺术家和设计师通过编辑和操控多边形来构建复杂的三维模型。这种方法的核心在于对多边形的顶点、边和面进行细致的操作。每个多边形由一组顶点定义，这些顶点通过边相互连接，形成封闭的面。通过对这些基本元素的移动、旋转、缩放和调整，设计师可以创造出从简单的几何形状到高度复杂的有机结构。

　　多边形建模的灵活性体现在对模型的精确控制上。设计师可以对单个顶点或整个区域进行微调，以得到所需的形状和外观。此外，多边形建模支持多种建模工具和技术，如挤出、切割、倒角和细分，这些工具进一步扩展了建模的可能性。

　　在多边形建模过程中，对拓扑结构的管理至关重要。良好的拓扑结构不仅有助于提高模型的视觉质量和动画性能，还能在后续的纹理贴图和渲染阶段中发挥重要作用。设计师需要在建模时平衡细节和性能，避免不必要的复杂性，确保模型既美观又实用。

　　多边形建模还涉及对模型表面的材质和纹理的处理。通过应用材质和纹理，可以为模型增添逼真的视觉效果，使其在最终渲染中呈现出更加丰富的细节。

7.2　"点"模式

　　"点"模式是 C4D 中多边形建模的一种编辑模式。在这种模式下，可以选择和操作模型的顶点，通过移动、缩放和旋转顶点来改变模型的形状和细节。顶点是多边形的基本构成单元，所有的边和面都是由顶点连接而成的。

　　首先选中该模型，长按创建工具栏最下方的按钮，单击"转为可编辑对象"按钮，如图 7.2-1 所示。

　　然后单击上方工具栏中的"点"按钮，进入"点"模式，如图 7.2-2 所示。

　　进入"点"级别，选中模型，单击鼠标右键，在弹出的快捷菜中可以找到想要的工具，如图 7.2-3 和图 7.2-4 所示。

图7.2-1

图7.2-2

　　在多边形建模中，一些关键参数决定了模型的几何形状、拓扑结构和外观细节。接下来详细讲解在 C4D 中进行多边形建模使用"点"模式时需要特别关注的参数。

7.2.1　多边形画笔

　　选中模型，单击鼠标右键，在弹出的快捷菜单中选择"多边形画笔"命

图7.2-3

图7.2-4

令。首先单击一个顶点作为起点，然后单击另一个顶点作为终点，这样便能在模型的表面绘制出一条直线，如图 7.2-5 和图 7.2-6 所示。

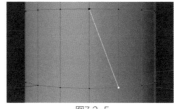
图7.2-5

图7.2-6

7.2.2 创建点

选中模型，单击鼠标右键，在弹出的快捷菜单中的 "创建点"命令，然后在"边"上单击即可添加点，如图 7.2-7 和图 7.2-8 所示。

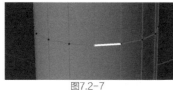
图7.2-7

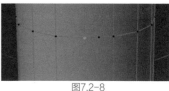
图7.2-8

在"面"上单击即可添加边和点，用于连接四周的点，如图 7.2-9 和图 7.2-10 所示。

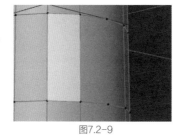
图7.2-9

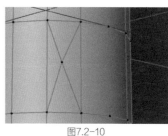
图7.2-10

7.2.3 封闭多边形孔洞

在建模过程中，可能会因为删除面、切割操作或其他编辑操作在模型中产生孔洞或缺口。这些孔洞不仅影响模型的外观，还可能导致渲染和动画出现问题。通过封闭多边形孔洞，可以确保模型的完整性和连续性，从而提高模型的质量和稳定性。

7.2.4 倒角

倒角是指在多边形模型的边缘或顶点上创建一个平滑的过渡区域。通过倒角，可以将锐利的边缘或顶点变得更加圆润和平滑，从而提高模型的视觉效果和细节表现。

使用鼠标右键单击需要操作的一个"点"，在弹出的快捷菜单中选择"倒角"命令，拖动鼠标即可将一个点倒角为一个多边形，如图 7.2-11 所示。

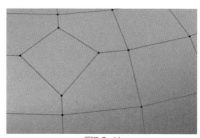
图7.2-11

7.2.5 挤压

选择任意顶点，单击鼠标右键，在弹出的快捷菜单中选择"挤压"命令，拖动鼠标即可使点产生凸起效果，如图 7.2-12 所示。

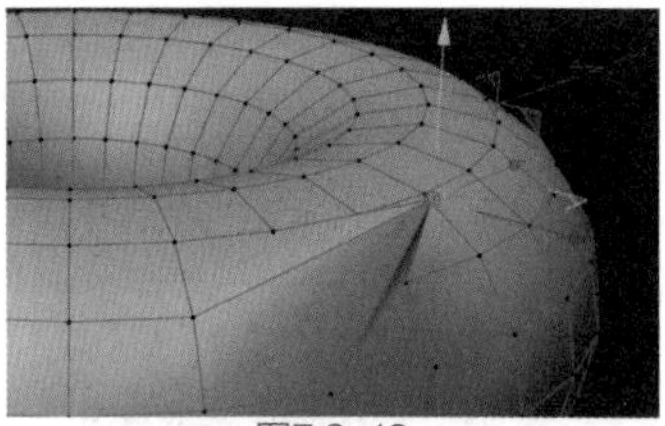

图7.2-12

7.2.6 桥接

选中模型上的点，单击鼠标右键，在弹出的快捷菜单中选择"桥接"命令，然后单击第一个点，按住鼠标左键拖动到第二个点松手，再次按住鼠标左键拖动，重复操作，可以将一个开口的面进行任意封闭，如图 7.2-13 ~ 图 7.2-15 所示。

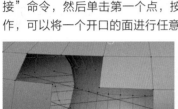
图7.2-13

图7.2-14

图7.2-15

7.2.7 焊接

使用鼠标右键单击需要操作的"点"，在弹出的快捷菜单中选择"焊接"命令，然后使用选择工具选择需要焊接的顶点、边或面。注意，要确保选择所有需要焊接的元素，以便工具能够正确地应用焊接操作。焊接示例如图 7.2-16 和图 7.2-17 所示。

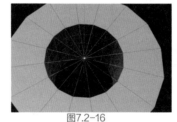
图7.2-16

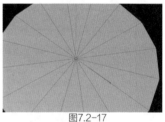
图7.2-17

7.2.8 缝合

选中模型，单击鼠标右键，在弹出的快捷菜单中选择"缝合"命令，可以在"点"或"多边形"级别下，对点和点、边和边、多边形和多边形进行缝合处理。缝合示例如图 7.2-18 和图 7.2-19 所示。

图7.2-18

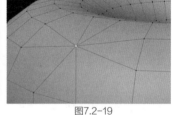
图7.2-19

7.2.9 融解

选中模型上的点，单击鼠标右键，在弹出的快捷菜单中选择"融解"命令，即可将这些点融解，如图 7.2-20 和图 7.2-21 所示。

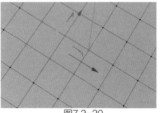
图7.2-20

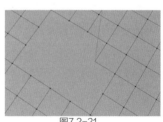
图7.2-21

7.2.10 消除

通过"消除"可以将选中的顶点去除，并且点的位置重新产生模型细微变化，同时保持模型的整体拓扑结构。与简单的删除操作不同，消除工具会自动调整周围的几何结构，以确保模型的连贯性和一致性。

7.2.11 优化

优化工具用于清理和简化多边形模型的几何结构。通过优化操作，可以删除重复的顶点、边和面，修复几何错误，并提高模型的整体质量和性能。

7.2.12 断开连接

选中模型上的点，单击鼠标右键，在弹出的快捷菜单中选择"断开连接"命令，可以将点断开，断开后该点不再连接其他点。如果单击移动该位置的点，可以看到点能够脱离这个平面，如图 7.2-22 所示。

7.2.13 线性切割

选中模型上的点，单击鼠标右键，在弹出的快捷菜单中选择"线性切割"命令，然后在模型上单击可以创建分段，如图 7.2-23 所示。

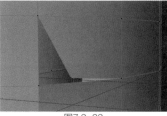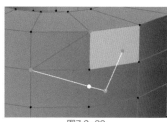

图7.2-22 图7.2-23

7.2.14 平面切割

选中模型，单击鼠标右键，在弹出的快捷菜单中选择"平面切割"命令，在模型上单击并拖动鼠标，最后再次单击，创建一条笔直且贯穿模型的分段，如图 7.2-24 所示。

7.2.15 循环/路径切割

选中模型，单击鼠标右键，在弹出的快捷菜单中选择"循环/路径切割"命令，并在模型上移动鼠标，此时会出现一圈边，单击即可完成。以"管道"为例，当鼠标指针

图7.2-24

在竖线上时为横切面，在横线时为竖切面。双击数值修改这圈边的位置，如图 7.2-25 和图 7.2-26 所示。

7.2.16 连接点/边

连接点和边工具，用于将多

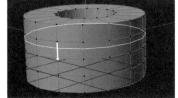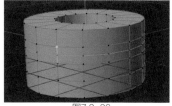

图7.2-25 图7.2-26

个顶点或边连接在一起，从而创建新的几何结构。这个工具可以自动生成新的边和面，用来填补模型中的空隙或连接不同的部分。

7.2.17 熨烫

使用鼠标右键单击需要操作的"点"，在弹出的快捷菜单中选择"熨烫"命令，然后拖动鼠标可以将模型熨烫得更平滑。

7.2.18 笔刷

选中模型，单击鼠标右键，在弹出的快捷菜单中选择"笔刷"命令，然后在模型上拖动即可使模型产生起伏效果，如图 7.2-27 所示。

图7.2-27

7.2.19 磁铁

磁铁工具用于通过拖动顶点来变形模型。磁铁工具通过一个可调节的影响范围来控制变形的区域和强度，在磁铁工具的状态下按住鼠标左键拖动，对当前的模型进行涂抹，使模型产生变化。

7.2.20 滑动

选中模型，单击鼠标右键，在弹出的快捷菜单中选择"滑动"命令，单击需要操作的点并拖动鼠标使该点产生位置的变化，但基本不会改变模型的外观，如图 7.2-28 所示。

图7.2-28

7.2.21 设置点值

"设置点值"用于对选中部分的位置进行调整，并将其指定到一个位置，从而实现模型的自由变形和精确控制。

7.3 "边"模式

进入"边"模式，选中模型，然后单击鼠标右键，在弹出的快捷菜单中可以找到需要的工具。在"边"级别中有很多工具与"点"级别中的工具重复，如图 7.3-1 所示。

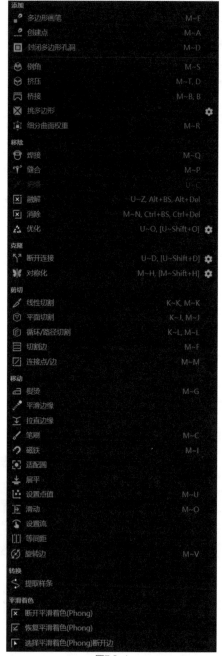

添加	
多边形画笔	M~E
创建点	M~A
封闭多边形孔洞	M~D
倒角	M~S
挤压	M~T, D
桥接	M~B, B
挑多边形	
细分曲面权重	M~R
移除	
焊接	M~Q
缝合	M~P
断开	U~C
融解	U~Z, Alt+BS, Alt+Del
消除	M~N, Ctrl+BS, Ctrl+Del
优化	U~O, [U~Shift+O]
克隆	
断开连接	U~D, [U~Shift+D]
对称化	M~H, [M~Shift+H]
剪切	
线性切割	K~K, M~K
平面切割	K~J, M~J
循环/路径切割	K~L, M~L
切割边	M~F
连接点/边	M~M
移动	
熨烫	M~G
平滑边缘	
拉直边缘	
笔刷	M~C
磁铁	M~I
适配圈	
展平	
设置点值	M~U
滑动	M~O
设置流	
等间距	
旋转边	M~V
转换	
提取样条	
平滑着色	
断开平滑着色(Phong)	
恢复平滑着色(Phong)	
选择平滑着色(Phong)断开边	

图7.3-1

在多边形建模中，一些关键参数决定了模型的几何形状、拓扑结构和外观细节。接下来详细讲解在 C4D 中进行多边形建模使用"边"模式时需要特别关注的参数。

7.3.1 倒角

使用鼠标右键单击需要操作的"边"，在弹出的快捷菜单中选择"倒角"命令，拖动鼠标使这些边产生倒角效果，如图 7.3-2 所示。

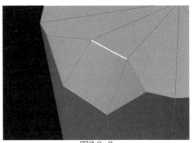

图7.3-2

7.3.2 挤压

使用鼠标右键单击需要操作的"边"，在弹出的快捷菜单中选择"挤压"命令，拖动鼠标可以挤压出边。挤压工具用于将选中的多边形面沿其法线方向拉伸，从而生成新的几何体。挤压工具可以在保持原有几何结构的基础上，快速增加模型的体积和细节，如图 7.3-3 所示。

图7.3-3

7.3.3 切割边

使用鼠标右键单击需要操作的"边"，在弹出的快捷菜单中选择"切割边"命令，拖动鼠标可以使模型产生切割的边，如图 7.3-4 和图 7.3-5 所示。

7.3.4 旋转边

使用鼠标右键单击需要操作的"边"，在弹出的快捷菜单中选择"旋转边"命令，可以将边进行旋转，如图 7.3-6 所示。

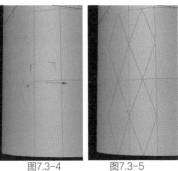

图7.3-4　　　　图7.3-5

7.3.5 提取样条

选择"提取样条"命令后，C4D 会基于所选的边自动生成一个新的样条曲线对象。提取样条工具用于从多边形模型的边缘或其他几何元素中生成样条曲线。

图7.3-6

7.4 "多边形"模式

进入"多边形"模式，选中模型，单击鼠标右键，在弹出的快捷菜单中可以找到需要的工具。在"多边形"级别中有很多工具与"点"级别中的工具重复，如图 7.4-1 所示。

在多边形建模中，一些关键参数决定了模型的几何形状、拓扑结构和外观细节。接下来详细讲解在 C4D 中进行多边形建模使用"多边形"模式时需要特别关注的参数。

7.4.1 倒角

使用鼠标右键单击需要操作的"多边形"，在弹出的快捷菜单中选择"倒角"命令，拖动鼠标可以使多边形产生凸起倒角效果，如图 7.4-2 所示。

如果需要按照每个多边形进行倒角，可以取消选中"保持组"复选框，如图 7.4-3 所示。

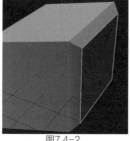

图7.4-2

图7.4-3

7.4.2 挤压

使用鼠标右键单击需要操作的"多边形"，在弹出的快捷菜单中选择"挤压"命令，拖动鼠标使多边形产生凸起挤压效果，如图 7.4-4 所示。

7.4.3 嵌入

嵌入工具通过将一个对象（通常是二维的）嵌入另一个三维对象的表面，在三维模型上创建出二维对象的浮雕效果，如图 7.4-5 所示。

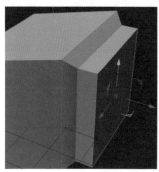

图7.4-4

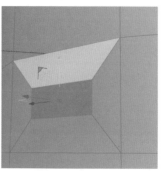

图7.4-5

图7.4-1

7.4.4 细分

使用鼠标右键单击需要操作的"多边形"，在弹出的快捷菜单中选择"细分"命令，可以使该多边形的分段更多，如图 7.4-6 所示。

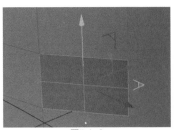

图7.4-6

7.4.5 挑多边形

"挑多边形"是 C4D2024 版中新增的实用功能，使用鼠标右键单击需要操作的"多边形"，如图 7.4-7 所示。单击鼠标右键，在弹出的快捷菜单中找到"挑多边形"命令，单击后面的齿轮图标，如图 7.4-8 所示。在弹出的对话框中输入合适的值，单击"确定"按钮，如图 7.4-9 所示，可以得到"挑多边形"效果，如图 7.4-10 所示。

图7.4-8

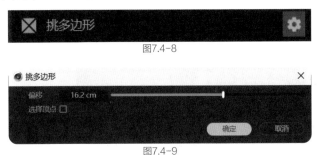

图7.4-9

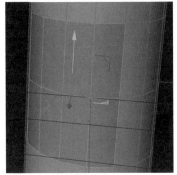

图7.4-7

7.4.6 矩阵挤压

使用鼠标右键单击需要操作的"多边形"，在弹出的快捷菜单中选择"矩阵挤压"命令，拖动鼠标即可产生连续地逐渐收缩的凸起效果，如图 7.4-11 所示。

7.4.7 平滑偏移

使用鼠标右键单击需要操作的"多边形"，在弹出的快捷菜单中选择"平滑偏移"命令，沿着法线方向偏移多边形的顶点，创建出平滑的过渡效果。这种方法不会改变模型的拓扑结构，但是可以显著地改善模型的视觉外观，如图 7.4-12 所示。

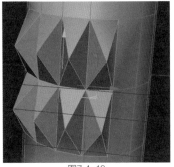

图7.4-10

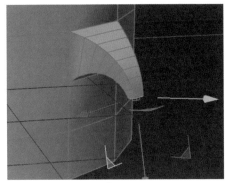

图7.4-11

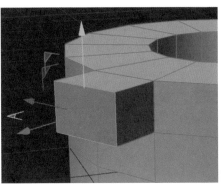

图7.4-12

7.4.8 坍塌

使用鼠标右键单击需要操作的"多边形",在弹出的快捷菜单中选择"坍塌"命令,可以将选中的多边形塌陷聚集在一起,如图 7.4-13 和图 7.4-14 所示。

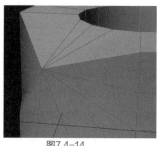

图7.4-13　　　　　　　　　图7.4-14

7.4.9 对称化

选中模型,单击鼠标右键,在弹出的快捷菜单中找到"对称化"命令,单击后面的齿轮,如图 7.4-15 所示。在弹出的对话框中输入合适的值,单击"确定"按钮,如图 7.4-16 所示,可以得到"对称化"效果,如图 7.4-17 所示。

图7.4-15

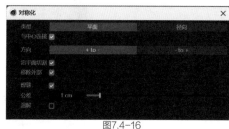
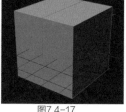

图7.4-16　　　　　　　　　图7.4-17

对称化工具用于通过镜像操作创建模型的对称性。在 C4D 中,对称化工具可以自动沿一个轴或多个轴复制和镜像选定的几何元素,从而快速生成对称的模型。

7.4.10 阵列

使用鼠标右键单击需要操作的"点"或"多边形",在弹出的快捷菜单中选择"阵列"命令,单击"应用"按钮,可以使选中的对象产生大量阵列效果,如图 7.4-18 ~图 7.4-20 所示。

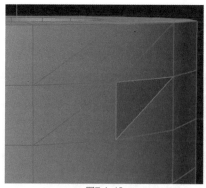
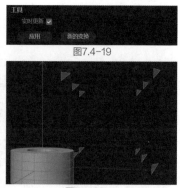

图7.4-18　　　　　　　　　图7.4-20

7.4.11 克隆

使用鼠标右键单击需要操作的"点"或"多边形",在弹出的快捷菜单中选择"克隆"命令,单击"应用"按钮，可以使选中的对象产生大量复制效果。

7.4.12 三角化

使用鼠标右键单击需要操作的"多边形"，在弹出的快捷菜单中选择"三角化"命令，可以使四边形变成三角形，如图 7.4-21 和图 7.4-22 所示。

图7.4-21　　　　　　　　图7.4-22

7.4.13 反三角化

使用鼠标右键单击需要操作的"多边形"，在弹出的快捷菜单中选择"反三角化"命令，可以使三角形变成四边形，其功能与三角化工具相反。

7.5 行业应用案例

多边形建模是一种多功能的技术，它跨越了众多行业，拥有广泛的应用场景。这里以"制作卡通电视机"为例，电视机模型中山羊头的造型创意独特，采用了多边形"点""线""多边形"模式中的参数来构建，如图 7.5-1 所示。多边形建模在多个行业中有着广泛的应用，尤其是在设计、广告、影视制作和游戏开发等领域。

图7.5-1

步骤 01 使用"立方体"工具插入一个圆锥体模型，将其选中转为可编辑状态，进入"多边形"模式并右击，使用"笔刷"工具按住鼠标左键拖曳，将圆锥体建模成想要的样子，如图 7.5-2 和图 7.5-3 所示。

步骤 02 进入"多边形"模式并右击，使用"克隆"工具复制一个沿 Y 轴旋转 180° 的模型，如图 7.5-4 所示。

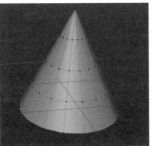
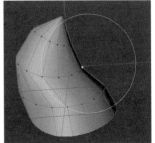

图7.5-2　　　　　　　　图7.5-3

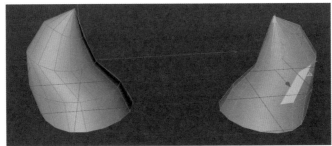

图7.5-4

步骤 03 使用"立方体"工具插入一个立方体模型，将其选中转为可编辑状态。进入"多边形"模式并右击，使用"倒角"工具按住鼠标左键拖曳，使多边形产生凸起倒角效果，如图 7.5-5 和图 7.5-6 所示。

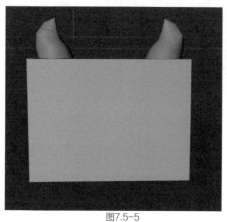

图7.5-5

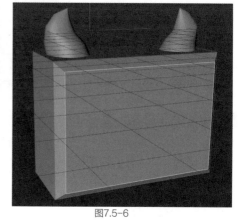

图7.5-6

步骤 04 进入"边"模式并右击，使用"倒角"工具按住鼠标左键拖曳，使卡通多边形屏幕的四周直角边得变圆润，如图 7.5-7 所示。

步骤 05 选中立方体模型的屏幕面，进入"多边形"模式并右击，使用"挤压"工具向内推进，形成凹进效果，如图 7.5-8 所示。

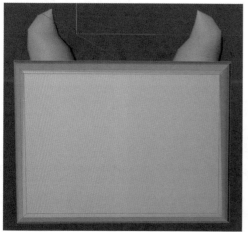

图7.5-7

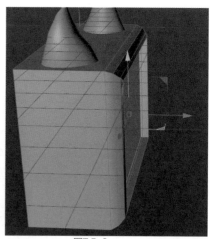

图7.5-8

步骤 06 选中立方体模型的侧面进入"多边形"模式并右击，使用"细分"工具和"矩阵挤压"命令，拖动鼠标可以产生连续的逐渐收缩的凸起效果，使立方体的两边有羊毛卷效果，如图 7.5-9 和图 7.5-10 所示。

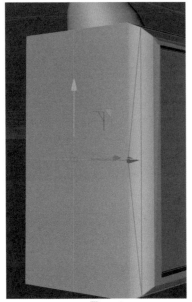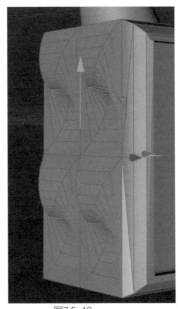

图7.5-9   图7.5-10

步骤 07 进入"点"模式单击鼠标右键，在弹出的快捷菜单中选择"创建点"命令，在"边"上单击添加点。进入"多边形"模式，选中面拖动可以得到背面效果，如图 7.5-11 和图 7.5-12 所示。

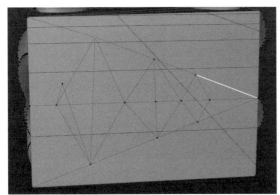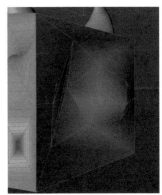

图7.5-11   图7.5-12

步骤 08 使用"立方体"工具插入一个立方体模型，将其选中转为可编辑状态，然后调整为电视机屏幕大小并嵌入，如图 7.5-13 所示。

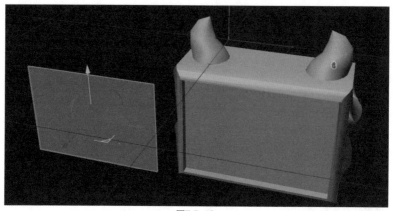

图7.5-13

步骤 09 给物体附上自己喜欢的材质和颜色，并设置渲染环境，如图 7.5-14 所示。渲染后，效果如图 7.5-1 所示。

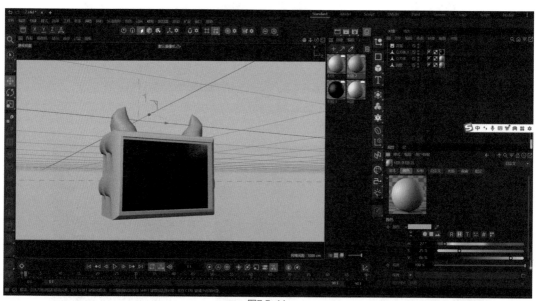

图7.5-14

08

第 8 章

效果器和域建模

C4D 的特效工具和域建模功能为三维设计师们提供了模拟动态效果和物理现象的强大手段。特效工具能够激发对象产生运动或形状变化，而域建模则精确地限定了这些效果的覆盖区域和渐变特性，允许在选定的空间范围内对对象施加影响或改变其动态。通过巧妙地融合这两种工具，艺术家能够打造出既复杂又逼真的动画场景，包括但不限于粒子的自然运动、布料的随风飘动，以及流体的自然流淌，从而显著地提升了 3D 作品的动态效果和视觉冲击力。

8.1 认识效果器和域建模

效果器是 C4D 中的一种强大的工具，它允许用户通过曲线控制克隆对象的位置、缩放、旋转等属性，实现各种动态效果。效果器可以通过几何域来控制衰减，使得变化更加自然和流畅。例如，步幅效果器可以让克隆对象的位置、缩放、旋转有一个逐渐变化的效果，而着色效果器则可以通过调整噪波参数，使物体随机伸缩，产生类似音符律动的效果。这些效果器的应用，极大地丰富了 C4D 的建模和动画创作的可能性。

域建模是 C4D 中的另一个重要概念，它通过特定的几何域来控制模型的变化范围，结合效果器，可以创建出动态变化的场景，使得模型在动画中能够根据预设的参数进行变化，从而增强视觉效果的生动性和真实性。

8.2 效果器建模

在 C4D 中，效果器建模是一种应用效果器对模型进行动态控制和变形的技术。效果器可以对对象施加力或影响，从而改变其形状或行为，但与动力学模拟不同，效果器建模通常用于在不涉及物理引擎的情况下创建动画和变形效果。例如，可以使用"推散效果器"来模拟风吹动物体的效果，或者使用"简易效果器"来为模型添加旋转或螺旋状的变形。效果器建模为艺术家提供了一种灵活的方式来创造视觉上吸引人的动态效果，而无须设置复杂的物理模拟。

效果器本身不直接对模型进行修改，而是需要与生成器或变形器结合使用，通过它们来间接影响模型的形状或行为。效果器的类型如图 8.2-1 所示。

图8.2-1

8.2.1 推散效果器

"推散"效果器如图 8.2-2 所示，它能够使对象围绕其中心点向外围分散。这种效果器特别适用于在"克隆"生成器中实现动态的动画效果。"推散"效果器的属性栏如图 8.2-3 所示，其中包含了控制效果的各项参数。

图8.2-2

图8.2-3

下面通过一个例子介绍"推散"效果器的具体使用方法。

步骤 01 使用"立方体"工具创建一个新的立方体模型。创建完毕后，向场景中添加一个"克隆"生成器，并将刚才创建的立方体对象拖动至克隆生成器下方，使其成为克隆生成器的子对象，如图 8.2-4 所示。

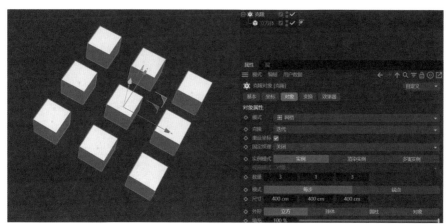

图8.2-4

步骤 02 确保"克隆"对象被选中，然后单击"推散"效果器按钮，以建立"推散"效果器与"克隆"对象之间的关联。完成这一步骤后，如图 8.2-5 所示，效果器已经成功应用到克隆对象上，从而实现所需的动态效果。

图8.2-5

如果用户不确定"推散"效果器是否已经成功关联到"克隆"对象，可以通过选中"克隆"对象，然后查看"效果器"选项卡来确认是否出现了"推散"效果器的设置，如图 8.2-6 所示。如果"效果器"选项卡中没有列出"推散"效果器，用户需要从"对象"面板中选择"推散"效果器对象，并将其拖曳到"效果器"选项卡中手动建立关联。这个过程确保了效果器能够对克隆对象产生预期的影响。

图8.2-6

步骤 03 选择"推散"效果器对象后，调整其"半径"数值。随着半径数值的改变，可以看到除了位于中心的立方体保持原位之外，周围的立方体开始向外围移动，如图 8.2-7 所示。

图8.2-7

步骤 04 通过单击"模式"下拉列表选择"推散"效果器的工作模式。默认情况下，该效果器为"推离"模式。除此之外，其他可用的模式及其效果如图 8.2-8 ～图 8.2-11 所示，用户可以根据需要选择最适合的工作模式以达到期望的动画或视觉效果。

隐藏
图8.2-8

分散缩放
图8.2-9

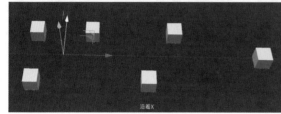

沿着X
图8.2-10

沿着Y
图8.2-11

8.2.2 随机效果器

"随机"效果器因其高度适用性而被用户广泛使用，无论是在静态图像的制作还是动画效果的创作中都能发挥重要作用。通过随机效果器，用户可以为模型添加随机性的变化，从而增加场景的自然感和复杂度。如图 8.2-12 所示，在属性栏中调整"随机"效果器的各项参数，以控制随机效果的具体表现。

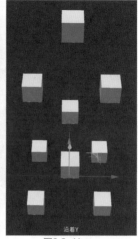

图8.2-12

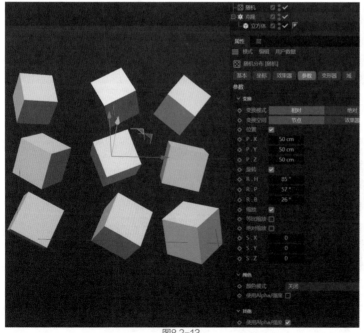

图8.2-13

在"参数"选项卡中单独调节对象的"位置""旋转"和"缩放"的随机化程度。默认设置中，"位置"的随机化是激活的，如果需要关闭这一效果，可以取消勾选"位置"复选框，如图 8.2-13 所示。这种灵活性允许用户根据具体需求定制随机效果，实现从微妙的变化到显著的混乱效果的转变。

"缩放"参数在"随机"效果器中具有独特的作用，它提供了两种不同的缩放模式，即"等比缩放"和"绝对缩放"。

如果启用"等比缩放"模式，在属性栏中调整"缩放"数值时，视图窗口中的立方体模型会以随机的方式进行放大或缩小。

如果启用"绝对缩放"模式，在调整"缩放"数值时，所有的立方体模型会统一地进行放大或缩小。这意味着场景中的立方体要么全部随机放大，要么全部随机缩小，而不会产生部分放大、部分缩小的情况，如图 8.2-14 ~ 图 8.2-16 所示。

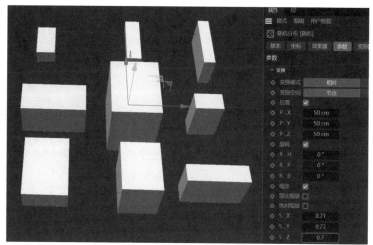

图8.2-14

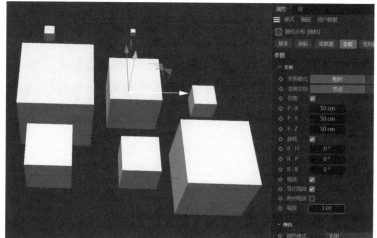

图8.2-15

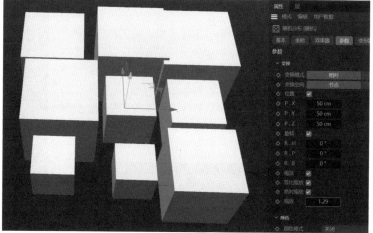

图8.2-16

8.2.3 公式效果器

在 C4D 中，效果器中的"公式"是一种强大的工具，它允许用户通过编写自定义的数学公式来直接控制效果器的行为和属性。使用公式，可以创造出几乎无限种可能的动态效果，包括复杂的运动路径、变形和变化，这些通常难以通过传统的参数调整来实现。公式效果器提供了对时间和空间的精确控制，使得动画师和设计师能够实现高度个性化和程序化的动画效果，从而在 C4D 中制作出独特且富有创意的动态视觉作品。其属性栏如图 8.2-17 所示。

在"公式"栏中可以修改公式，在公式中，sin 代表正弦变化，id 代表对象，count 代表数量，t 代

图8.2-17

表时间，f 代表频率，这个公式所代表的画面如图 8.2-18 ～图 8.2-20 所示，呈现波浪状动画。熟悉此公式后可以任意变化运动轨迹和参数。

图8.2-18　　　　　　　　　图8.2-19　　　　　　　　　图8.2-20

用户可以在"公式"属性栏中通过勾选或取消勾选"位置""旋转""缩放"等复选框，来控制公式所影响的范围，如图 8.2-21 所示。

8.2.4 延迟效果器

在 C4D 中，"延迟"效果器是一种特殊类型的效果器，它能够对对象或粒子系统施加延迟效果，使得它们的运动或变化不是立即发生，而是在一定的时间间隔之后开始。通过使用延迟效果器，用户可以创建更加丰富和有节奏感的动画效果。例如让一组物体依次启动，或者模拟现实中的连锁反应。这种效果器在制作动画序列、时间控制和复杂动态的场景中非常有用。其属性栏如图 8.2-22 所示。

"延迟"效果器一般需要与其他效果叠加使用，如图 8.2-23 所示，使用"延迟"效果器给"推散"效果器所制作的动画控制节奏。

图8.2-22

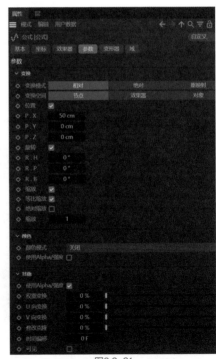

图8.2-21

图8.2-24

图8.2-23

8.2.5 简易效果器

在 C4D 中，"简易"效果器是直观、简单的效果器，它通过直观的参数设置来控制对象的运动和变化，而无需编写复杂的公式或脚本。其属性栏如图 8.2-24 所示。

通过调整"简易"效果器中的"位置""旋转""缩放"参数，可以影响克隆物体中的单个物体做出对应动作，如图 8.2-25 所示。

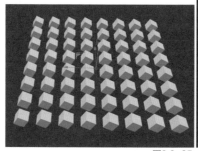

图8.2-25

另外，可以为"简易"效果器添加域效果，作为域动画的媒介，如图 8.2-26 所示。

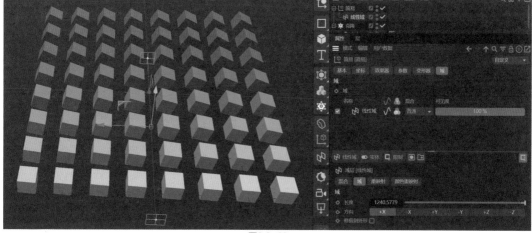

图8.2-26

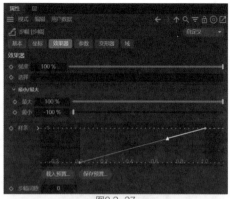

图8.2-27

8.2.6 步幅效果器

"步幅"效果器和它的图标一样，是用于控制物体产生类似台阶的渐变效果的，其属性栏如图 8.2-27 所示。其中"样条"选项可以控制渐变曲线，效果如图 8.2-28 所示。仅勾选"位置"变化就可以产生台阶的效果，如图 8.2-29 所示，和其他效果器一样，"步幅"效果器也可以通过添加域来制作衰减动画。

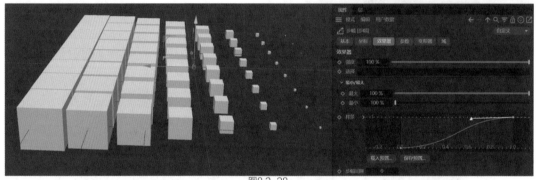

图8.2-28

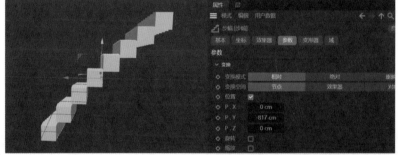

图8.2-29

8.2.7 样条效果器

"样条"效果器是一种用于动画和建模的强大工具，它允许对象沿着样条线的路径进行变形或移动。其属性栏如图 8.2-30 所示，只有设置提供运动的样条线，"样条"效果器才会开始工作。

图8.2-30

例如给立方体添加一个"克隆"生成器，再使用"样条"效果器模拟花瓣形样条，如图 8.2-31 所示。使用偏移或者域控制，可以制作各种动画。另外，还可以合并两条以上样条线，制作样条线之间的变换。

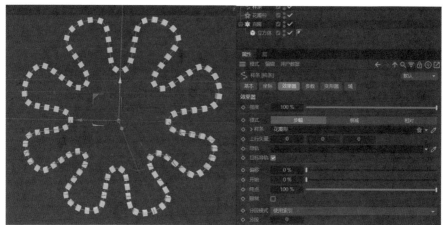

图8.2-31

如果只是一条样条线，在克隆中使用"对象克隆"模式，也可以做出同样的效果。但是如果使用对象克隆加"样条"效果器则可以做出物体从一条样条线向另一条样条线变化的效果，如图 8.2-32 ~ 图 8.2-34 所示，通过设置"强度"控制两者间的变化。

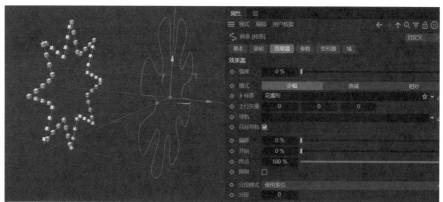

图8.2-32

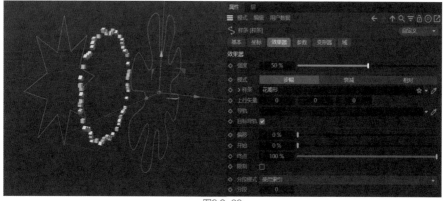

图8.2-33

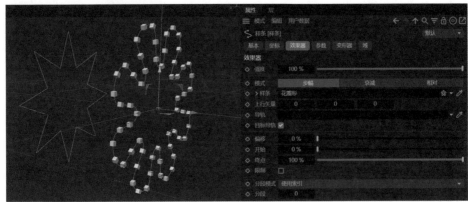

图8.2-34

8.3 域建模

在 C4D 中，使用域对象来定义一个空间区域，在该区域内可以应用多种生成器和效果器。通过域，用户可以创建复杂的体积效果，如烟雾、火焰、水波等，或者实现特定的建模操作，如布尔运算、变形和雕刻。域建模因高度的灵活性和控制力成为创建高级视觉效果和复杂模型的关键工具，特别是在需要模拟自然现象或进行高级动画设计时。

和效果器一样，域本身也不直接对模型进行修改，而是需要与生成器或变形器结合使用，通过它们来间接影响模型的形状或行为。效果器的类型如图 8.3-1 所示。

图8.3-1

8.3.1 随机域

"随机域"效果器能够在场景中创建一个立方体形态的控制体，该控制体内部展示了随机分布的衰减模式。用户可以通过调整这个控制器来影响场景中对象的随机性变化。如图 8.3-2 所示为"随机域"效果器的属性栏，这里可以详细设置衰减效果和随机分布的参数。通过该属性栏，用户可以精确地控制随机效果的强度、范围和其他特性。

"域"是一种多用途的工具，在 C4D 中广泛应用于变形器、效果器和粒子系统中。可以将其视为一个具有衰减特性的空间区域，该区域内的对象会根据域的属性受到不同程度的影响，而区域外的对象则保持原状，不发生任何变化。

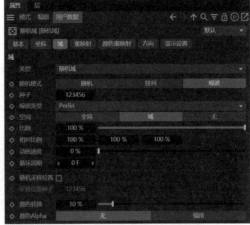

图8.3-2

域的效果从中心向外逐渐减弱，这种特性使它成为控制复杂效果分布的强大工具。例如，在变形器中，域可以用来指定一个区域，使得只有该区域内的几何体发生形变；在效果器中，域可以定义风力或重力作用的范围；而在粒子系统中，域可以决定粒子的生成和行为模式。

下面通过一个例子介绍域的具体使用方法。

步骤 01 使用"立方体"工具创建一个立方体模型，增加表面的分段线，如图 8.3-3 所示。

步骤 02 添加"随机域"效果器，并将其与"立方体"对象设置为同一层级。初始状态下模型的外观和结构不会发生任何变化，如图 8.3-4 所示，这是因为"随机域"效果器本身并不直接修改几何形状，而是提供一个影响区域，需要与其他效果器或生成器结合使用才能显现效果。

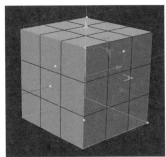

图8.3-3

图8.3-4

步骤 03 添加"体积生成"生成器，并将之前步骤中创建的对象设置为其子对象，开始构建复杂的体积效果。同时将"随机域"效果器的"模式"设置为"相交"，可以观察到模型表面开始出现不规则的凹陷和侵蚀效果，如图 8.3-5 所示。

这种效果的显著程度与"体素尺寸"参数的设置密切相关。当"体素尺寸"的值设置得较小时，模型表面的凹陷细节将更加精细和清晰。通过调整这一参数，用户可以控制体积效果的粗糙度和细节级别。

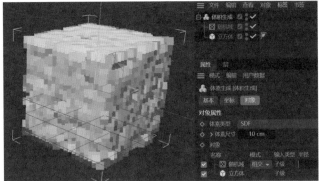

图8.3-5

步骤 04 添加"体积网格"生成器，将立方体对象转换成一个网格化的模型。这一转换允许立方体的体积被细分成网格状的结构，如图 8.3-6 所示。

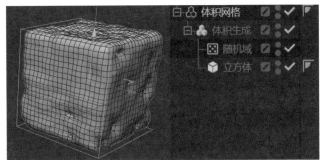

图8.3-6

步骤 05 选中"随机域"对象，在属性栏中调整"随机模式"并设置"种子"数值，通过改变这些参数，可以控制随机效果的分布和特征，从而产生多样化的视觉效果，如图 8.3-7 所示。

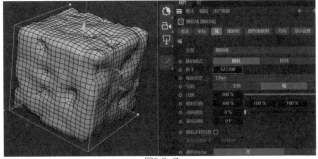

图8.3-7

噪波类型列表
Box
Blistered Turbulence
Buya
Cell
Cranal
Dents
Displaced Turbulence
Electric
FBM
Gaseous
Hama
Luka
Mod. Noise
Naki
✓ Perlin
Nutous
Ober
Pezo
Poxo
Sema
Stupl
Turbulence
VL Noise
Wavy Turbulence
Cell Voronoi
Displaced Voronoi
Voronoi 1
Voronoi 2
Voronoi 3
Zada
Ridged Multifractal

图8.3-8

步骤 06 在"噪波类型"下拉列表中，选择噪波类型，如图 8.3-8 所示。

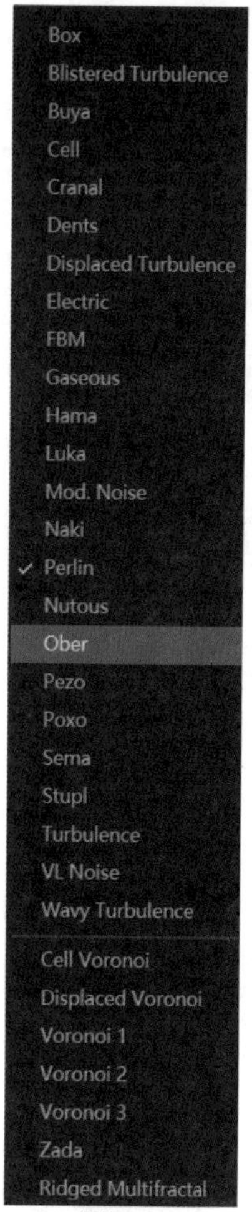

步骤 07 修改"比例"数值，控制模型表面凹陷的分布密集度，如图 8.3-9 和图 8.3-10 所示为"比例"数值为 100% 和 200% 时模型的效果对比。

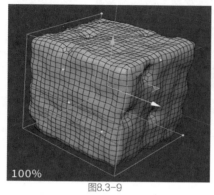

图8.3-9

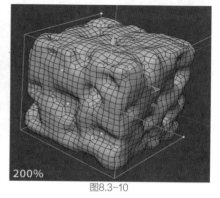

图8.3-10

该参数的主要作用是调节噪波分布的频率，影响凹陷效果的密集程度。增加"比例"数值会使凹陷更加集中，减少"比例"数值会使凹陷更加分散，从而为模型表面创造出不同程度的细节和纹理变化。

其他类型的域在使用方式和基本原理上与"随机域"相似，它们同样使用自身的形状来定义一个影响区域，在该区域内的对象会受到相应的效果影响。不同之处在于，这些域的效果可能更加规则或可预测，相对于"随机域"产生的随机效果，它们的应用和调整可能更为直接和简单。

8.3.2 球体域

"球体域"用于定义一个球形的空间区域，在这个区域内可以应用各种效果器和生成器，可以精确地控制影响区域的大小和形状，实现对动画和模拟效果的精细调控。其属性栏如图 8.3-11 所示。

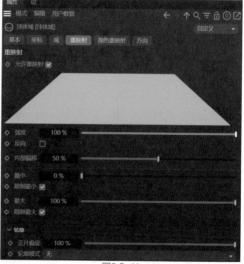

图8.3-11

如果想让域对运动图形起作用，需要使用效果器。这里以"克隆"举例，如图 8.3-12 所示。单独给克隆物体一个"球体域"是不会对物体产生任何效果的。

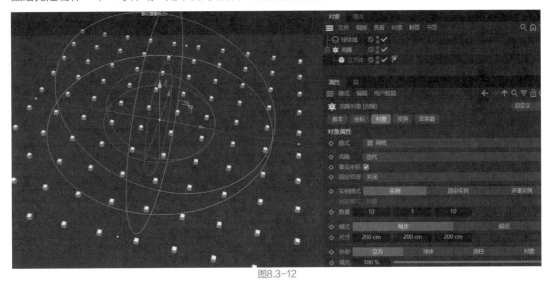

图8.3-12

正确做法如图 8.3-13 所示，应该给"克隆"一个效果器，例如"简易"效果器，在使用"简易"效果器后物体会产生位置变化，给"简易"效果器添加一个球体域后，从球体中间到边缘会产生效果器的变化过渡。

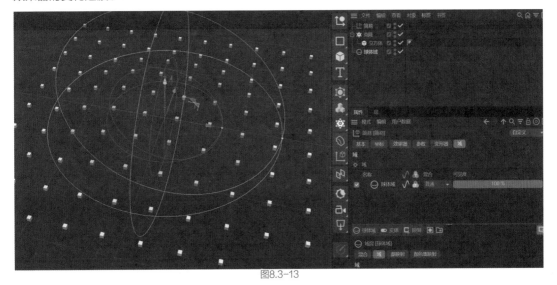

图8.3-13

一个效果器可以添加多个"域"，如图 8.3-14 所示。在使用两个以上的域时，可以通过改变叠加模式控制"域"和"域"之间的效果。如图 8.3-15 所示为"圆环体域"和"球体域"都使用"普通"模式的效果，上面的"域"会覆盖住下面的"域"，中间绿色部分"球体域"的范围未产生任何变化，如果调换位置，则只会显示"球体域"。

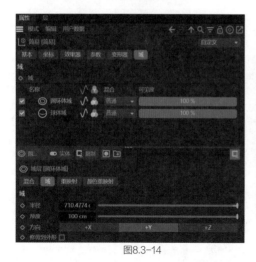

图8.3-14

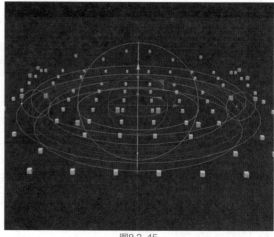

图8.3-15

"正片叠底"和"最小"模式的效果类似，取两个域相交的部分产生效果，如图 8.3-16 所示。

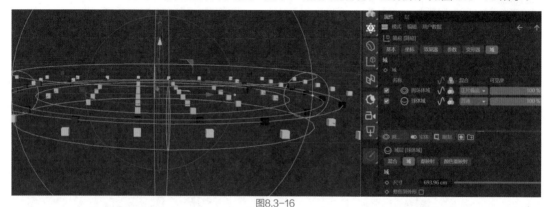

图8.3-16

"减去"模式是在下一个域产生的范围内减去上一个域所在的范围，如图 8.3-17 所示。

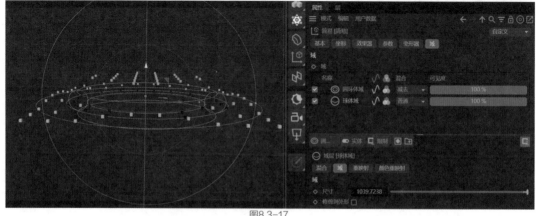

图8.3-17

"最大"模式是将两个域产生的范围叠加，如图 8.3-18 所示，两个域范围内都产生了效果。

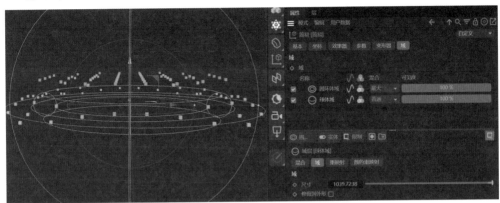

图8.3-18

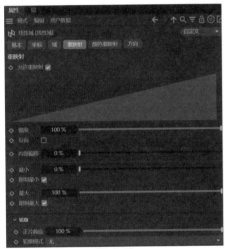

图8.3-19

8.3.3 线性域

"线性域"的使用范围非常广，在给物体做消失、出现等动画时经常用到。其属性栏如图 8.3-19 所示，其一般效果如图 8.3-20 所示。当然，也可以将阶梯状的位置变化改为缩放、旋转等，这样可以产生出现和打乱的动画。

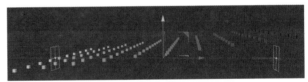

图8.3-20

8.3.4 胶囊体域

"胶囊体域""圆柱体域""圆锥体域""立方体域""圆环体域"都和前面介绍的"球体域"类似，只是域作用的形状有所改变。"胶囊体域"可调整的参数很多，其属性栏如图 8.3-21 所示。

8.3.5 公式域

"公式域""Python 域""着色器域"是为更复杂的域调控留出的通道。"公式域"和前面介绍的"公式"效果器类似，可以通过编辑公式改变域的作用效果，如图 8.3-22 所示。"Python 域"和"着色器域"通过编写 Python 和着色器脚本来控制域的作用效果，其属性栏如图 8.3-23 和图 8.3-24 所示。用户可以选择擅长的方式

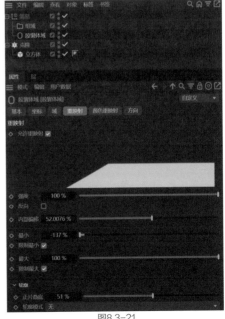

图8.3-21

来编写，大部分简易动画通过使用 C4D 中预设的各种"域"进行"叠加""减小"等模式的控制即可实现。

图8.3-22

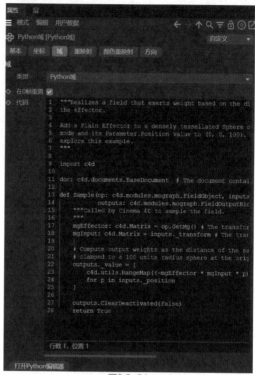

图8.3-24

图8.3-23

8.3.6 组域

"组域"的属性栏如图 8.3-25 所示，"组域"的作用是将多个"域"组合在一起，进行统一的混合变化，也可以在使用多个"域"的情况下，通过"组域"来区分"域"的位置和状态等。

图8.3-25

8.4 行业应用案例：海绵模型

效果器和域是为生成器增添多样性和复杂性的强大工具，是复杂建模的常用工具，下面通过案例学习效果器和域建模在实际行业中的应用。

在本案例中通过"随机"效果器和"立方体"对象相结合，创造出一个海绵状的 3D 模型，其效果如图 8.4-1 所示。这种方法不仅展示了效果器和域的实用性，也启发了用户去探索和实验更多创造性的应用，以实现个性化和独特的 3D 效果。

图8.4-1

步骤 01 使用"立方体"工具在场景中新建一个立方体模型，修改模型的"尺寸.X"为 20cm、"尺寸.Z"为 330cm，并勾选"圆角"复选框，如图 8.4-2 所示。

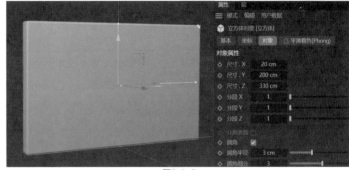

图8.4-2

步骤 02 添加"随机域"效果器，将"立方体"与"随机域"并列，如图 8.4-3 所示。

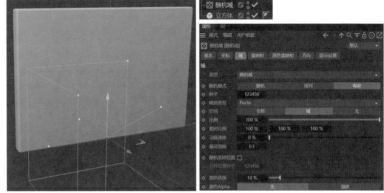

图8.4-3

步骤 03 添加"体积生成"生成器，更改体素类型为"雾"、体素尺寸为 1cm，将"随机域"和"立方体"作为"体积生成"的子集，注意摆放顺序，并将"体积生成"属性栏中的"创建空间"改为"对象以下"。注意在此属性下，"对象"栏中的随机域也应该在立方体上面，如图 8.4-4 所示。

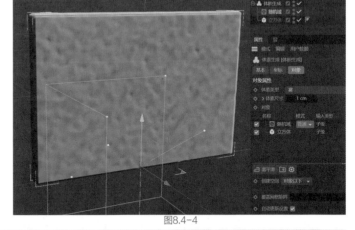

图8.4-4

步骤 04 添加"体积网格"生成器，将"体积生成"作为"体积网格"的子集，如图 8.4-5 所示。

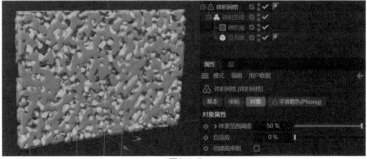

图8.4-5

步骤 05 选择"随机域",在属性栏中将噪波类型改为"Voronoi 1",将比例改为 25%,即可获得"海绵"的初步模型,如图 8.4-6 所示。

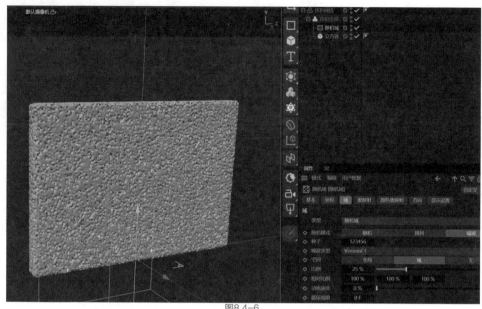

图8.4-6

步骤 06 为"海绵"赋予合适的材质,如图 8.4-7 所示,设置好渲染参数即可渲染出图,成品如图 8.4-1 所示。

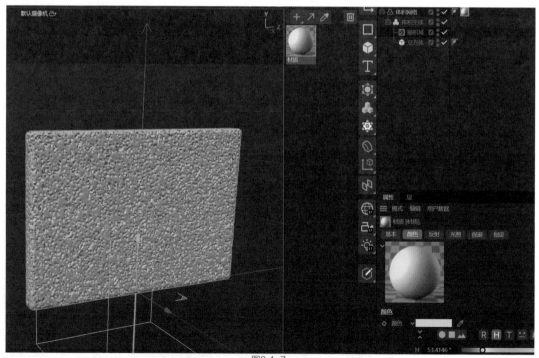

图8.4-7

09 第 9 章

摄像机与构图

在 C4D 中，摄像机是制作高质量视觉效果的关键工具，无论是用于捕捉单帧图像还是制作动态动画。摄像机的设置不仅决定了画面的尺寸和视野，而且通过特效如景深和运动模糊，能够增强画面的深度和动态感。更重要的是，摄像机的配置直接影响画面的构图，这是视觉艺术中不可或缺的一环。一个精心设计的构图能够使模型的展示效果更加突出，即使模型本身制作精良，没有合适的构图也无法充分展现其魅力。因此，摄像机不仅是技术设置的一部分，也是艺术创作中不可或缺的元素。

9.1 摄像机的行业应用

C4D 提供了多种摄像机工具供用户选择，在渲染设置中调整为标准渲染或物理渲染后，可以选择如图 9.1-1 所示的 6 种摄像机类型，但在日常使用中，"摄像机"工具因其便捷性而成为最受欢迎的选择。本节将详细介绍如何使用这一工具。

"摄像机"的创建过程非常直观。与一些其他三维软件相比，C4D 允许用户在视图中直接选择一个视角，然后单击"摄像机"工具创建一个摄像机。创建后的摄像机会自动出现在"对象管理器"中，如图 9.1-2 所示。用户可以通过单击"对象管理器"中摄像机图标旁边的小图按钮，切换到摄像机的视角，从而更直观地预览最终渲染效果。

图9.1-1

C4D 的摄像机工具不仅功能强大，而且易于上手，即使是初学者也能快速掌握，进而更专注于创意的实现和视觉效果的打磨。

9.2 摄像机工具概览

图9.1-2

"摄像机对象"的属性栏提供了丰富的设置选项，其包含"基本""坐标""对象""物理""细节""立体""合成"和"球面"8 个选项卡。其中，"对象"选项卡主要用于设置摄像机的基本属性，如位置、旋转等；"物理"选项卡用于调整摄像机的物理特性，如焦距和光圈大小，这些设置对于最终的视觉效果至关重要，如图 9.2-1 和图 9.2-2 所示。通过在这些选项卡中进行细致调整，用户可以精确地控制摄像机的行为和输出，以满足不同的创作需求。

9.2.1 焦距

"焦距"是调整镜头与成像点之间距离的参数。

●标准焦距

标准焦距大约在 35mm 到 50mm 之间。

●长焦距

长焦距通常指比标准焦距长的焦距，例如 85mm、135mm 或更长。

图9.2-1

图9.2-2

●广角焦距

广角焦距通常指比标准焦距短的焦距，例如 24mm、18mm 甚至更短，焦距数值越小，意味着镜头能够捕捉到的视野越广阔，当焦距为 18mm 时如图 9.2-3 所示。尽管广角镜头能够提供宽广的视角，但同时可能在画面的边缘引入畸变效果。

图9.2-3

9.2.2 自定义色温

"自定义色温"用于调整摄像机的白平衡。默认情况下，将其设置为 6500K，意味着摄像机能够呈现出标准的白光效果。用户可以选择不同的白平衡模式，如图 9.2-4 所示，渲染结果如图 9.2-5 所示。

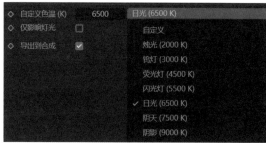

图9.2-4

图9.2-5

当色温值高于 6500K 时，画面会呈现暖色调；当色温值低于 6500K 时，画面会呈现冷色调，如图 9.2-6 和图 9.2-7 所示。

图9.2-6

图9.2-7

9.2.3 物理

"物理"选项在使用"物理"渲染器时使用；如果使用"标准"渲染器，这些设置将不会产生任何变化。其属性栏如图9.2-8所示。

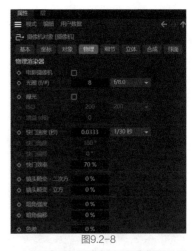

9.2.4 光圈

"光圈（f/#）"的作用与单反相机中的"光圈"相同，用来控制进入镜头的光线量。其数值越小，意味着光圈开得越大，画面的进光量越多，渲染出的画面也就越明亮。光圈为10和2时的效果如图9.2-9和图9.2-10所示。

图9.2-8

图9.2-9

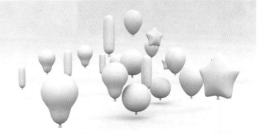

图9.2-10

9.2.5 曝光

勾选"曝光"复选框后，会启用ISO参数，如图9.2-11所示。ISO表示画面的曝光增益，其数值越大，画面亮度增加越多。ISO为10和100时的效果如图9.2-12和图9.2-13所示。

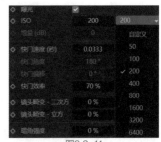

图9.2-11

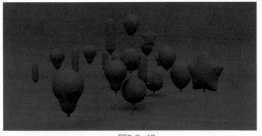

图9.2-12

图9.2-13

9.2.6 快门和暗角

"快门速度"用于调整摄像机快门开启的时长，快门速度越快，意味着进光时间越短，画面的亮度也就越低。在用单反相机拍摄夜景时，会选择较慢的快门速度，这样做是为了让更多的光线进入，从而使夜景画面更加明亮。

提高"暗角强度"的数值，渲染后会在画面边缘产生黑色暗角效果，如图 9.2-14 所示。暗角效果在实时预览中不可见，需要通过渲染来显现。增加暗角可以使图片看起来有历史沧桑感，这属于后期制作的一环，使用 Photoshop 和 After Effects 等工具一起制作会更加便捷。

图9.2-14

9.3 摄像机打法技巧

在平面海报设计、三维空间布局和产品展示等领域，C4D 中的摄像机设置通常使用"透视打法"和"轴侧打法"。"透视打法"通过模拟人眼观察物体的方式，创造出具有深度感和立体感的画面；而"轴侧打法"提供了一种侧视图，强调物体的侧面轮廓和空间关系。这两种摄像机设置方法，主要是为了初步确定画面的取景范围，它们与画面构图技巧有所区别。

9.3.1 透视打法

"透视打法"是一种模拟人眼观察物体的摄像机设置方式，它利用线性透视原理来创建具有深度感和立体感的画面。在透视打法下，远处的物体相对于近处的物体显得更小，从而在二维平面上呈现出三维空间的效果。这种设置方法适合用于需要强调物体远近关系和空间层次的场景，例如建筑渲染、室内设计，以及其他任何需要营造真实感的三维视觉效果，如图 9.3-1 所示。

图9.3-1

9.3.2 轴侧打法

"轴侧打法"是一种与透视打法不同的摄像机设置方法，它通过平行投影来展示物体，不遵循线性透视的规则。在轴侧打法中，无论物体距离摄像机远近，其尺寸都不会发生变化，保持实际大小。这种设置方法特别适合用来展示物体的侧面轮廓和复杂的三维结构，以及在不丢失尺寸信息的情况下展示空间布局。轴侧打法在工程图纸、艺术作品和设计概念的展示中非常实用，如图 9.3-2 所示。

图9.3-2

图9.3-3

9.3.3 实际操作

"透视打法"和"轴侧打法"可以通过"摄像机"中的"透视视图"和"平行视图"来做更改，其属性栏如图 9.3-3 所示。"透视打法"是近大远小，"轴侧打法"则是不考虑透视，直观地表达物体在空间中的关系，同一个画面的渲染效果对比如图 9.3-4 和图 9.3-5 所示。

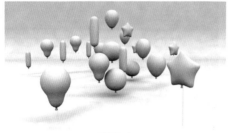
图9.3-4

图9.3-5

9.4 画面构图原则

摄像机所确定的画面构图指的是画面的尺寸和比例。这种构图主要由渲染设置和安全框组成。渲染设置决定了画面的最终输出尺寸，安全框则提供了一个在渲染过程中保持内容完整性的边界。

横构图和竖构图是两种常见的构图形式。横构图也就是水平构图，通常用于展现宽阔的景观或强调画面的水平延伸感；竖构图或称为垂直构图，更适合捕捉高耸的物体或强调画面的垂直动态。至于选择哪种构图形式，取决于创作者的意图和所要传达的视觉信息。

9.4.1 安全框的设置

安全框是视图中用于标识安全区域的线条，确保框内的对象在进行视图渲染时不会被裁掉。在渲染后，安全框外的部分会被裁掉，如图 9.4-1 和图 9.4-2 所示。

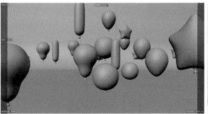
图9.4-1

图9.4-2

图9.4-3

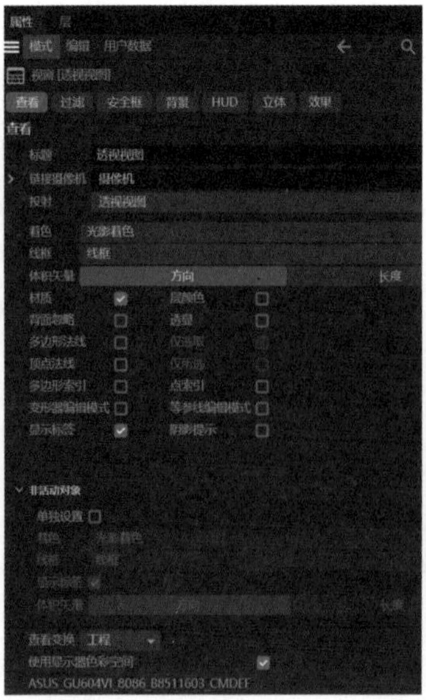

图9.4-4

图9.4-5

在属性栏中，可以通过选择"模式"下的"视图设置"命令进一步调整，如图 9.4-3 所示。完成这一操作后，可以看到属性栏的显示会有所变化，如图 9.4-4 所示。

切换到"安全框"选项卡，如图 9.4-5 所示。

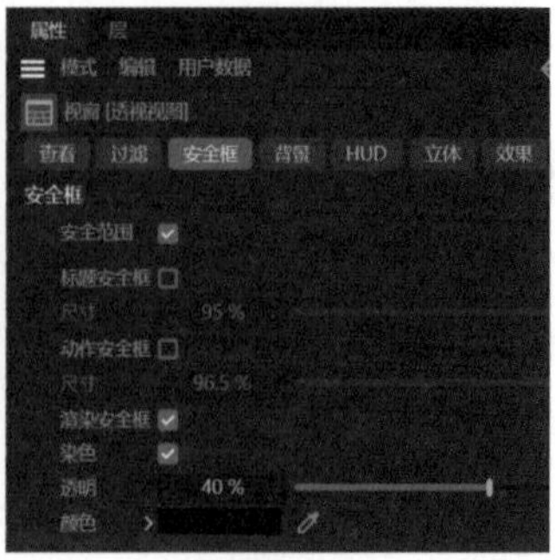

默认情况下，"安全范围"复选框是被勾选的，因此在视图窗口中可以看到安全框。当勾选了"标题安全框"复选框后，在画面的中心位置会出现一个黑色的线框，如图 9.4-6 所示。安全框的范围并不是一成不变的，可以根据实际

需要通过调整"尺寸"的数值来改变。

在制作动画的过程中，如果勾选了"动作安全框"复选框，则无须担心动画内容超出画面范围的问题。当勾选该复选框之后，在视图窗口中会出现一个新的黑色线框，这个线框帮助用户确保动画的所有动作都在安全范围内，如图 9.4-7 所示。

"渲染安全框"用于确定渲染时画面的有效区域大小，"透明"用于控制渲染区域外部的透明度，如图 9.4-8 所示。"透明"值为 20% 和 90% 时的效果如图 9.4-9 和图 9.4-10 所示。默认情况下，渲染区域以外的部分会呈现黑色半透明效果，但这在某些场景中可能不易观察，尤其是当这种黑色与场景中的其他颜色相近时。为了解决这个问题，可以修改"颜色"设置，选择一个更易于区分的颜色。

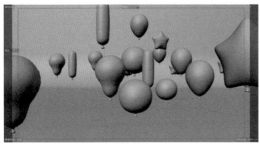

图9.4-6

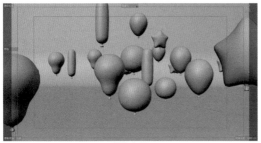

图9.4-7

图9.4-8

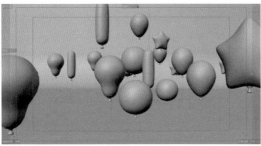

图9.4-9

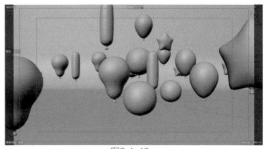

图9.4-10

安全框的比例是可以进行调整的。在"渲染设置"面板中，通过调整"胶片宽高比"的数值可以创建出不同比例的安全框，如图 9.4-11 所示。

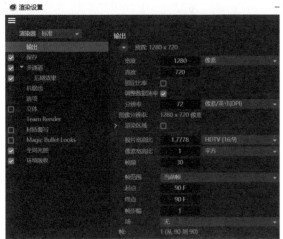

图9.4-11

图9.4-12

除了自定义设置安全框的比例外，系统还提供了一些预设比例选项，如图 9.4-12 所示。这些预设的比例的具体效果如图 9.4-13 ～ 图 9.4-19 所示。在这些预设比例中，最为常用的是"标准（4:3）"和"HDTV（16:9）"两种。

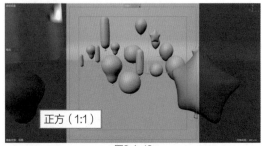

正方（1:1）

图9.4-13

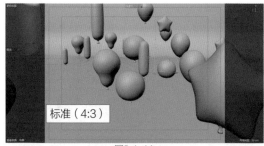

标准（4:3）

图9.4-14

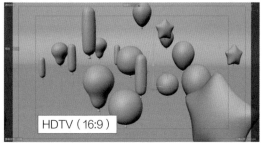

HDTV（16:9）

图9.4-15

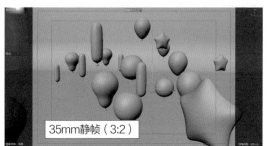

35mm静帧（3:2）

图9.4-16

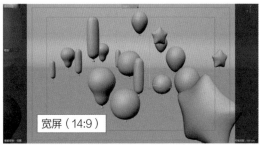

宽屏（14:9）

图9.4-17

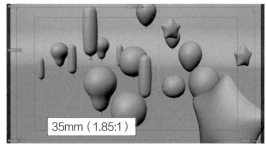

35mm（1.85:1）

图9.4-18

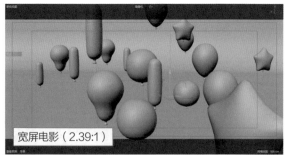

宽屏电影（2.39:1）

图9.4-19

9.4.2 横构图与竖构图

横构图与竖构图指的是安全框所呈现的画面是横向还是竖向。横构图是一种常见的构图方式，适用于各种类型的场景。"标准（4:3）"和"HDTV（16:9）"这两种比例是横构图中常用的画幅比例，它们符合大多数播放设备的显示尺寸，尤其是"HDTV（16:9）"，它已成为现代视频和显示器的标准比例。

竖构图的画幅特点是宽度小于高度，它没有固定的胶片比例。竖构图常用于平面海报设计和移动端设备的画面展示，这种构图方式适合展示垂直画面。

10 第 10 章

灯光技术

灯光是场景中不可或缺的元素，没有灯光，场景就无法渲染出所需要的效果。无论是 C4D 自带的灯光工具还是 HDRI 材质，都可以用于场景的布光。

10.1 灯光技术的行业应用

C4D 提供了 9 种灯光工具和 HDRI 材质。不同的行业所使用的工具类型是有一定差异的。

电商平面类行业所搭建的场景会应用 C4D 自带的"灯光"工具实现场景照明，HDRI 材质则用作全局灯光照亮整个场景。

游戏行业不需要运用灯光，只需要场景和模型。

动画行业会根据情况选择是否运用 C4D 自带的"灯光"工具。

产品展示和建筑类效果图需要应用 C4D 自带的"灯光"工具、"无限光"工具以及 HDRI 材质，特殊情况下还会使用自发光材质。

10.2 灯光工具的运用

长按工具栏中的"区域光"按钮，弹出灯光面板，如图 10.2-1 所示。C4D 自带的灯光类型较为简单，没有其他三维软件那么复杂。本节将讲解常用的灯光工具。

10.2.1 灯光

图10.2-1

使用"灯光"工具可以创建一个点光源，向场景中的任何方向发射光线，其光线可以到达场景中无限远的地方。下面以图 10.2-2 所示的场景为例，讲解"灯光"工具的使用方法。单击"灯光"按钮，在场景中会出现灯光的控制图标，如图 10.2-3 所示。此时可以观察到在视图窗口中会实时显示灯光照射的效果，处于背光面的模型会呈深色。

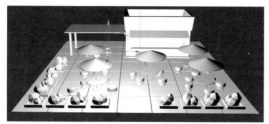

图10.2-2

图10.2-3

移动灯光图标，可以快速确定合适的灯光照射方向和阴影角度，如图 10.2-4 所示。

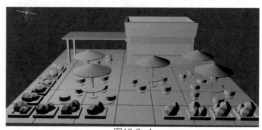

图10.2-4

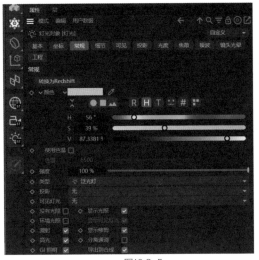

在属性栏的"常规"选项卡中可以调整灯光的颜色、强度和投影等属性，如图 10.2-5 所示。调整"颜色"色块或 H、S、V 的值，能够快速改变灯光的颜色，同时视图窗口中会显示相应的灯光效果，如图 10.2-6 所示。

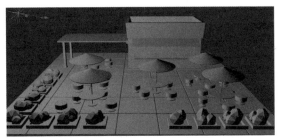

图10.2-5

图10.2-6

勾选"使用色温"复选框后，可以通过设置"色温"的值模拟现实生活中灯光的颜色，"色温"为 4200 和 5000 时的效果如图 10.2-7 和图 10.2-8 所示。

图10.2-7

图10.2-8

调整"强度"的值，视图窗口中灯光的强度会随之改变，"强度"为 100% 和 60% 时的效果如图 10.2-9 和图 10.2-10 所示。

图10.2-9

图10.2-10

默认情况下，灯光是没有开启"投影"的，在"投影"下拉列表中可以选择不同的投影类型，如图 10.2-11 所示。"阴影贴图（软阴影）"和"光线跟踪（强烈）"的效果分别如图 10.2-12 和图 10.2-13 所示。其中"区域"投影运用最多，适合绝大多数场景，如图 10.2-14 所示。

图10.2-11

图10.2-12

图10.2-13

图10.2-14

开启"区域"投影后可以观察到灯光外侧出现了一个矩形框，这个矩形框代表现在灯光是以面片的形式照射场景的一个面光源，如图 10.2-15 所示。在"细节"选项卡中可以调整光源的样式，如图 10.2-16 所示。

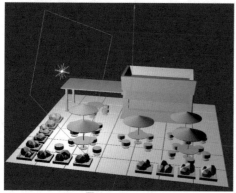

图10.2-15

图10.2-16

默认情况下灯光没有开启"衰减"，代表光可以照射到无限远的地方，然而在现实生活中无论是自然光还是人工光源都有衰减，距离光源越远的地方，所受到光线照射的强度越小。展开"衰减"下拉列表，可以选择不同的灯光衰减方式，如图 10.2-17 所示。一般选择"平方倒数（物理精度）"，这是最接近现实生活光源的衰减方式。"平方倒数（物理精度）""线性""步幅"和"倒数立方限制"的效果分别如图 10.2-18 ～图 10.2-21 所示。

图10.2-17

图10.2-18

图10.2-19

图10.2-20

图10.2-21

10.2.2 无限光

"无限光"是一种带方向的灯光，常用来模拟太阳光。下面以图 10.2-22 所示的场景为例讲解无限光的使用方法。

单击"无限光"按钮后场景中会生成一个带方向的灯光，如图 10.2-23 所示。如果要调整灯光的照射方向，需要使用"旋转"工具，"位置"工具只能调整灯光所处的位置，如图 10.2-24 所示。

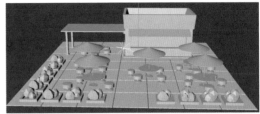

图10.2-22

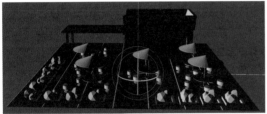

图10.2-23

图10.2-24

"无限光"工具的参数与"灯光"工具的基本相同，在"衰减"上稍有区别，开启"衰减"后会呈现一个平面，如图 10.2-25 所示。

10.2.3 日光

"日光"与"无限光"非常相似，都是模拟真实的太阳光效果。"日光"工具的参数与"无限光"工具唯一的区别是它多一个"太阳表达式"选项卡，如图 10.2-26 所示。

图10.2-25

在这个选项卡中，可以通过调整时间和城市位置来模拟真实的太阳位置、太阳颜色和太阳照射角度，效果如图 10.2-27 和图 10.2-28 所示。

图10.2-26

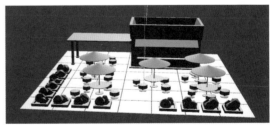

图10.2-27

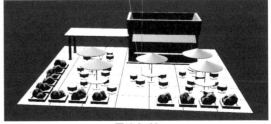

图10.2-28

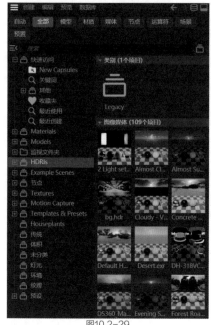

图10.2-29

10.2.4 HDRI 材质

"HDRI 材质"不是灯光工具，它通过自带亮度属性的贴图进行照明，常添加在"天空"对象上，作为场景整体的环境光。"HDRI 材质"在绝大多数的场景中都是不可或缺的，在不添加任何灯光的情况下，就能照亮整个场景，提供柔和的照明效果。

下面介绍 HDRI 材质的使用方法。

步骤 01 单击"天空"按钮，在场景中创建"天空"对象。

步骤 02 按快捷键 Shift+F8 打开"资产浏览器"，选中 HDRI 选项，就可以在右侧查看系统提供的多种 HDRI 材质，如图 10.2-29 所示。右侧的预览效果能大致表明照明效果。

步骤 03 随意选中一个材质，将其拖曳到"材质管理器"中，然后从"材质管理器"中将该材质拖曳到"天空"对象上，如图 10.2-30 所示。按快捷键 Shift+F2 可以打开"材质管理器"。

图10.2-30

步骤 04 按快捷键 Shift+R 渲染场景，渲染效果如图 10.2-31 和图 10.2-32 所示。

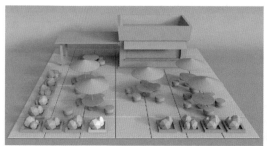

图10.2-31

图10.2-32

10.2.5 案例：制作场景灯光

运用"灯光"工具和 HDRI 材质可以为任何类型的场景添加光源，案例效果如图 10.2-33 所示。

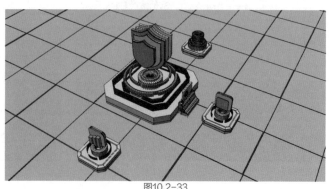

图10.2-33

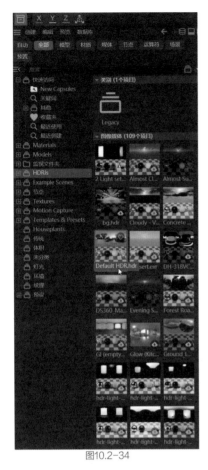

图10.2-34

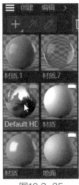

图10.2-35

图10.2-36

步骤 01 单击"天空"按钮添加"天空"对象，然后按快捷键 Shift+F8 打开"资产浏览器"，选择图 10.2-34 所示的 HDRI 材质。

步骤 02 按快捷键 Shift+F2 打开"材质管理器"，然后将上一步选择的 HDRI 材质拖曳到"材质管理器"中，如图 10.2-35 所示。

步骤 03 将"材质管理器"中的 HDRI 材质拖曳到"对象"管理器中的"天空"对象上，如图 10.2-36 所示。

步骤 04 按快捷键 Shift+R 预览灯光效果，如图 10.2-37 所示。此时画面中的模型虽然都被照亮了，但有些阴影部分不够透亮。

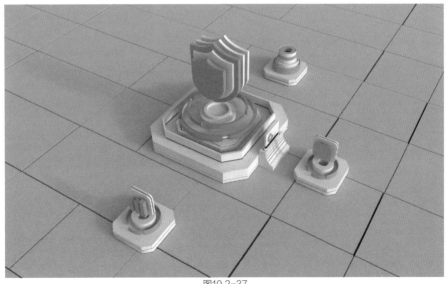

图10.2-37

步骤 05 单击"灯光"按钮在场景中创建灯光，然后移动灯光到画面的左上角，如图 10.2-38 所示。

图10.2-38

步骤 06 选中上一步创建的灯光，在"常规"选项卡中设置"颜色"为白色、"强度"为21%、"投影"为"区域"，如图 10.2-39 所示。

步骤 07 在"细节"选项卡中设置"形状"为"矩形"、"衰减"为"平方倒数（物理精度）"、"半径衰减"为994cm，如图 10.2-40 所示。

图10.2-39　　　　　　　图10.2-40

步骤 08 按快捷键 Shift+R 渲染场景，案例最终效果如图 10.2-41 所示。

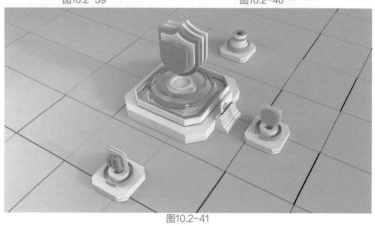

图10.2-41

11

第 11 章

材质与纹理技术

C4D 中的材质和纹理是创建逼真 3D 场景的关键组成部分。材质定义了物体表面的视觉属性，包括颜色、反射率、透明度、粗糙度等。C4D 提供了多种类型的材质，例如标准材质、物理材质、卡通材质等。纹理是应用于材质上的图像，用于模拟物体表面的复杂细节，如木材的纹理、金属的划痕等。纹理可以是 2D 的，也可以是 3D 的，用于不同的视觉效果。

11.1 材质的行业应用

C4D 在电商海报、视觉设计和游戏制作行业中有着广泛的应用，并且这些领域对材质的要求各有侧重。材质类型是决定 3D 模型表面视觉特性的关键因素，有塑料材质、金属材质、玻璃材质、木纹材质、石材材质、纯色材质、特殊效果材质等，材质的选择和应用需要考虑最终的视觉效果、性能要求和生产效率。例如，在电商海报和视觉设计中，材质的逼真度和细节可能更为重要，而在游戏制作中，材质的优化和性能可能是首要考虑因素。了解不同行业的材质需求，可以帮助设计师和艺术家更有效地选择合适的材质类型，以达到最佳的视觉效果和性能平衡。

11.2 材质的创建与应用

创建和应用材质是一个关键的步骤，用于赋予 3D 模型各种表面特性。通过掌握基本步骤和技巧，用户可以在 C4D 中创建出丰富多样的材质效果，提升自己的 3D 作品的视觉效果。

11.2.1 材质的创建

1 打开材质管理器

在 C4D 界面中，打开材质管理器。通常材质管理器位于界面的右上角，用户也可以在菜单栏中选择"窗口"，打开"材质管理器"命令，如图 11.2-1 所示。

图11.2-1

2 创建新的默认材质

在材质编辑器中单击"新的默认材质"，创建一个新的材质，如图 11.2-2 和图 11.2-3 所示。

双击材质编辑器也可以创建默认材质，除此以外，在菜单栏中选择"创建"—"材质"—"新的默认材质"命令也可以创建默认材质，如图 11.2-4 所示。

图11.2-2

图11.2-3

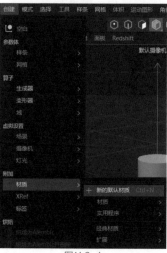

图11.2-4

3 选择材质类型

根据需要选择适当的材质类型，如标准材质、物理材质等，如图 11.2-5 所示。

4 调整材质属性

通过调整材质属性，来控制材质的外观，如漫反射颜色、高光、光泽度、透明度等。

5 保存材质

完成材质设置后，可以将其保存，以便在其他项目中重复使用。

图11.2-5

11.2.2 材质的赋予

在 C4D 中，将材质赋予 3D 对象是一个简单、直观的过程。

将材质拖至视图窗口中的模型上，即可将材质赋予模型，如图 11.2-6 所示。

图11.2-6

用户也可以将材质拖至对象管理器中的目标对象上，或者在目标对象被选中的状态下，在材质上单击鼠标右键，在弹出的快捷菜单中选择"应用"命令，如图 11.2-7 所示。

用户还可以同时选中材质和目标对象，单击材质编辑器中的"应用"按钮，如图 11.2-8 所示。

图11.2-7

图11.2-8

11.3 材质编辑器的使用

材质编辑器是一个强大的工具，用于创建和管理场景中的材质，如图 11.3-1 所示。

图11.3-1

图11.3-2

11.3.1 基底

在 C4D 的材质编辑器中，基底指的是材质的基础属性，这些属性定义了材质的基本外观和行为，如图 11.3-2 所示。

1 颜色

颜色是定义材质外观的关键属性之一。有漫反射颜色、高光颜色、自发光颜色、透明度、颜色贴图等，通过在材质编辑器中调整这些颜色属性，用户可以创造出丰富多样的视觉效果，从而增强 3D 模型的真实感或艺术效果，如图 11.3-3 和图 11.3-4 所示。

2 权重

在某些材质类型中可以调整不同颜色通道（如 RGB）的权重，以实现特定的颜色效果，如图 11.3-5 所示。

3 漫反射模型

漫反射模型是用于模拟光线如何被非镜面材料表面散射的一种方式。这种模型是材质渲染的基础部分，因为它决定了材质如何吸收、反射和散射入射光，如图 11.3-6 所示。

4 漫反射粗糙度

漫反射粗糙度是一个重要的属性，它影响材质表面反射光线的方式。漫反射粗糙度描述了表面微观结构的不规则性，这些不规则性会导致光线在表面上以多种方向散射，如图 11.3-7 所示。

5 金属感

金属感指的是材质的金属属性，它决定了材质表面是否像金属那样反射光线，如图 11.3-8 所示。

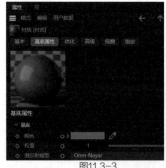
图11.3-3

图11.3-4

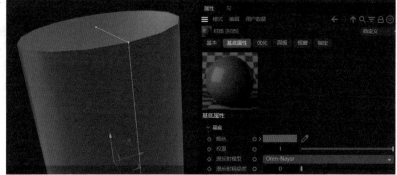
图11.3-5

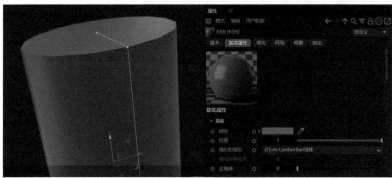
图11.3-6

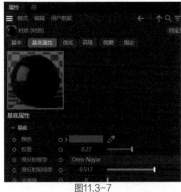
图11.3-7

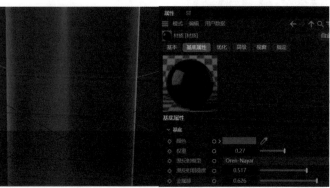
图11.3-8

11.3.2 反射

在 C4D 的材质编辑器中，控制材质的反射特性是创建逼真渲染效果的重要部分，如图 11.3-9 所示。

图11.3-9

1 颜色

"颜色"用于改变目标物体反射颜色，如图 11.3-10 所示。

图11.3-10

2 权重

"权重"用于改变目标物体反射颜色的权重，如图 11.3-11 所示。

图11.3-11

3 粗糙度

反射粗糙度描述了材质表面在微观层面上的不平整程度，它影响光线如何反射，如图 11.3-12 所示。

4 IOR

IOR 是一种用于模拟光线在不同介质之间传播时发生折射现象的属性。尽管 IOR 更常用于描述透明或半透明材质的折射特性，但它同样可以影响反射特性，尤其是在考虑光线穿透表面并再次反射时。

图11.3-12

5 各向异性

各向异性是一种在 3D 渲染中模拟特定类型材质表面的反射特性的方法，这些材质的反射特性在不同方向上会有所不同，即材质表面的反射属性沿着不同轴向（通常是 U 轴和 V 轴）会表现出不同的特性，如图 11.3-13 所示。

图11.3-13

6 旋转

"旋转"指的是控制反射高光或反射纹理的方向和角度的能力。这种控制对于模拟具有定向反射特性的材质非常重要。

7 采样

"采样"指在渲染过程中对反射光线进行评估和计算的方法。采样的质量会直接影响到反射效果的真实性和渲染图像的质量，如图 11.3-14 所示。

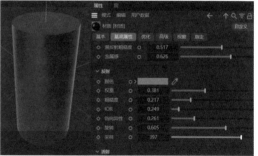

图11.3-14

11.3.3 透射

"透射"指的是光线穿过透明或半透明物体（如玻璃、水或某些塑料）的现象。透射在创建真实感渲染时非常重要，因为它影响光线如何进入和离开物体，以及物体如何影响场景中的光照，如图 11.3-15 所示。

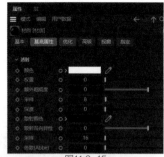
图11.3-15

1 颜色

"颜色"用于改变目标物体的透射颜色。

2 权重

"权重"用于改变目标物体透射颜色的权重。

3 额外粗糙度

影响透明或半透明材质表面的透射光线是粗糙度的一个属性，涉及材质表面的微观结构如何影响光线的散射和反射，如图 11.3-16 所示。

4 采样

"采用"指在渲染过程中对透射光线进行评估和计算的方法。

图11.3-16

5 深度

"深度"通常与材质的透明度和体积属性相关，这些属性影响光线穿过物体时的行为，如图 11.3-17 所示。

6 散射颜色

"散射颜色"是指光线穿过材质时，由于与材质内部粒子的相互作用而发生散射，从而影响光线颜色的属性，如图 11.3-18 所示。

7 散射各向异性

"散射各向异性"指的是光线在不同方向上以不同方式散射的现象。这种特性在某些特定类型的材质中比较常见，如具有定向结构的物体（例如毛发、织物、木材等）。

图11.3-17

8 色散（Abbe）

不同波长的光在通过介质（如玻璃、水、水晶）时以不同的速度传播，导致它们折射（改变方向）的程度不同，这会导致光的分离，形成光谱或彩虹般的效果。在 3D 渲染和视觉效果制作中，色散可以用来增强材质的真实感或创造特殊的视觉效果。

11.4 纹理贴图与坐标

图11.3-18

纹理贴图与坐标是创建逼真材质和视觉效果的关键组成部分，通过结合使用纹理贴图和正确的贴图坐标，可以在 C4D 中创建出丰富、逼真的材质效果。纹理贴图是一张图像，用于模拟材质表面的复杂细节，如颜色变化、磨损、污迹等。常见的纹理贴图类型包括漫反射贴图、法线贴图、高光贴

噪波

渐变

菲涅耳(Fresnel)

颜色

图层

着色

背面

融合

过滤

MoGraph

效果

素描与卡通

表面

Moves面部着色器

Substance着色器

多边形毛发

图11.4-1

图、粗糙度贴图、自发光贴图等。在材质编辑器中可以将纹理贴图加载到相应的通道上，以控制材质的不同属性，如图 11.4-1 所示。

11.4.1 噪波

噪波贴图是一种纹理，它包含随机的明暗变化，类似于电视无信号时的雪花点。它可以用于模拟粗糙度、污垢、颗粒等效果，可以修改噪波着色器中的相关属性参数，在"噪波子"下拉列表中有很多噪波方式供用户选择，如图 11.4-2 和图 11.4-3 所示。

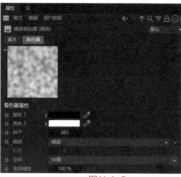

图11.4-2 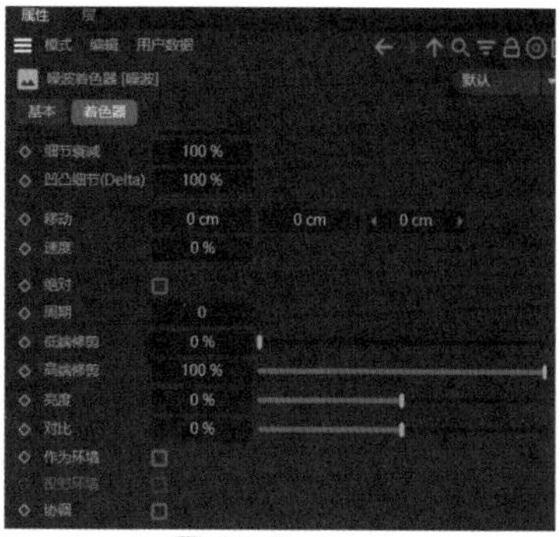　　　　　　　　　　图11.4-3

11.4.2 渐变

渐变贴图是一种非常有用的工具，用于创建从一种颜色平滑过渡到另一种颜色的效果。渐变贴图可以应用于材质的多种属性，如漫反射颜色、高光、透明度等，以增加模型表面的丰富性和细节，用户可以调整渐变的颜色、渐变的方式和类型等参数，如图 11.4-4 和图 11.4-5 所示。

11.4.3 菲涅耳

"菲涅耳"描述了光线与表面角度的关系，特别是光线与表面夹角接近 90°（即观察角度接近平行于表面）时，反射率会显著增加的现象。这种效应在创建逼真渲染时非常重要，因为它影响了材质的反射和折射特性。菲涅耳贴图允许用户手动控制不同表面角度下的反射强度，增加材质的真实感，如图 11.4-6 和图 11.4-7 所示。

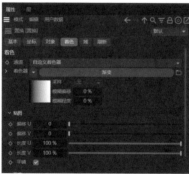

图11.4-4

图11.4-5

图11.4-6

图11.4-7

11.4.4 图层

"图层"指的是将多个纹理贴图组合到一个材质中，以创建更复杂、详细的表面效果。这种技术允许用户通过混合不同的纹理来模拟各种材料和表面特性，单击图像会打开外部贴图、效果等，可以对图层进行整体调整，如图 11.4-8 和图 11.4-9 所示。

图11.4-8

图11.4-9

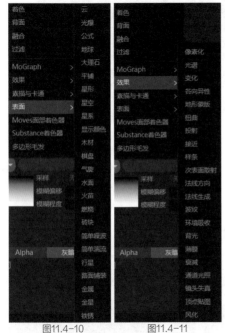

图11.4-10　　　　图11.4-11

11.4.5 表面

"表面"指直接应用于 3D 模型表面的纹理，用于定义材质的外观属性，如颜色、粗糙度、法线信息等，表面贴图有诸多样式，如图 11.4-10 所示。

11.4.6 效果

"效果"指的是一种特殊的纹理，用于在材质或场景中实现特定的视觉效果，而这些效果超出了基本漫反射、法线或高光贴图的范围，效果贴图有诸多样式，如图 11.4-11 所示。

11.4.7 纹理模式

"纹理模式"指的是纹理在 3D 模型上的应用方式，包括纹理的映射类型、坐标系统以及如何将纹理与模型表面对齐，如图 11.4-12 所示。

图11.4-12

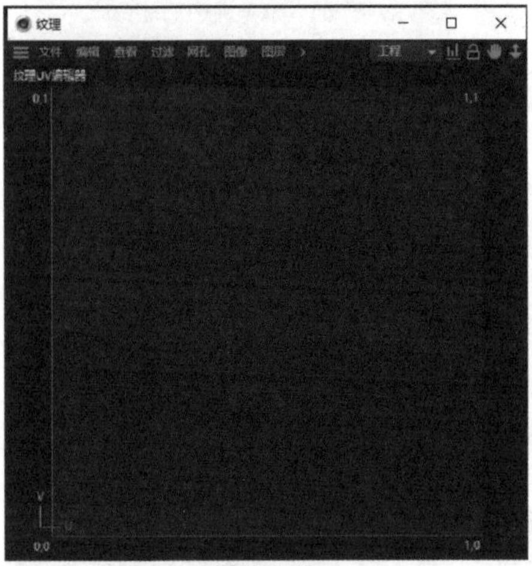

11.4.8 UV 编辑器

UV 编辑器是一个用于管理和编辑 3D 模型 UVW 贴图坐标的工具。UVW 贴图坐标决定了纹理如何映射到模型的表面。对于较为规则的物体，如立方体或圆柱，UV 坐标通常可以通过简单的自动投影获得；对于复杂的模型，如高多边形角色或异形结构，自动展开 UV 可能无法获得理想的结果，需要手动拆解 UV。在 C4D 中，可以通过按快捷键 U 或在菜单栏中选择相应的命令进入 UV 编辑模式，如图 11.4-13 所示。

图11.4-13

11.5 行业应用案例

在 C4D 中，纹理贴图是一种用于增强 3D 模型表面细节的技术。通过合理地使用纹理贴图，可以极大地提升作品的质量和真实感。本案例展示贴图的应用，效果如图 11.5-1 所示。

步骤 01 创建立方体，并将其转换为可编辑对象，如图 11.5-2 所示。

步骤 02 单击系统预设栏中的"UVEdit"进入 UV 编辑界面，如图 11.5-3 所示。

图11.5-1

步骤 03 在透视视图中框选所有的面，如图 11.5-4 所示。

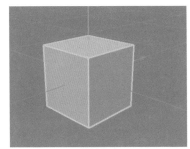

图11.5-4

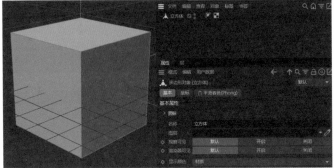

图11.5-2

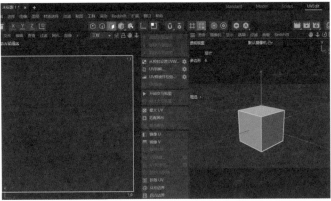

图11.5-3

步骤 04 在下方 UV 管理器中选择"投射"和"方形"，将 UV 展开，如图 11.5-5 所示。

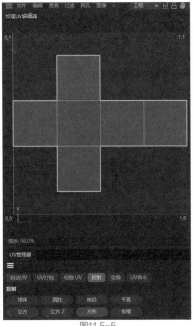

图11.5-5

步骤 05 在左上方的纹理 UV 编辑器中选择"文件"—"新建纹理"命令，如图 11.5-6 所示。

步骤 06 根据需要调整参数，调整结束后，单击"确定"按钮，如图 11.5-7 所示。

步骤 07 在纹理 UV 编辑器中选择"图层"—"创建 UV 网格层"命令，如图 11.5-8 所示。

步骤 08 在纹理 UV 编辑器中"文件"—"另存纹理为"命令，将纹理保存至文件夹中以便后续使用，格式选择 PSD 格式，如图 11.5-9 和图 11.5-10 所示。

图11.5-6

图11.5-7

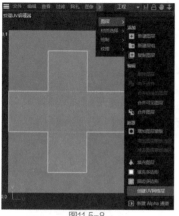

图11.5-8

图11.5-9

图11.5-10

步骤 09 在 Photoshop 中打开刚保存的 PSD 纹理文件，如图 11.5-11 所示。

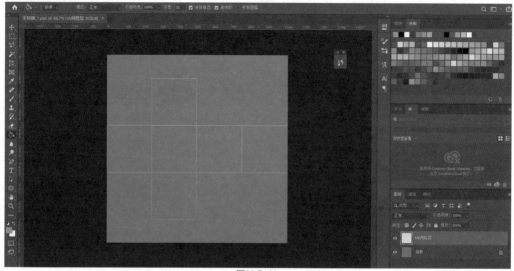

图11.5-11

步骤 10 将选择好的贴图拖至打开的 PSD 纹理文件中，如图 11.5-12 所示。

步骤 11 调整贴图的不透明度，然后调整贴图的大小，直到贴图完全覆盖 UV 展开图，如图 11.5-13 所示。

图11.5-12 图11.5-13

步骤 12 用油漆桶工具将背景图层的颜色改为白色，如图 11.5-14 所示。

步骤 13 将贴图的不透明度调整为 100%，将 UV 网格图层隐藏，设置完毕后将文件另存，如图 11.5-15 所示。

图11.5-14 图11.5-15

步骤 14 回到 C4D 中，单击系统预设栏中的"Standard"回到最初界面，在右下角属性栏中单击基底颜色旁的圆圈，选择"载入纹理"，如图 11.5-16 所示。

图11.5-16

步骤 15 选择刚保存的 PSD 文件将其打开，材质球会变为该 PSD 文件中的贴图，如图 11.5-17 和图 11.5-18 所示。

图11.5-17

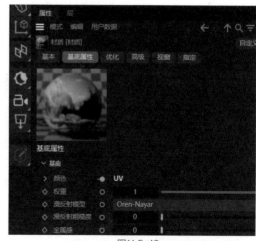

图11.5-18

步骤 16 在属性栏"视窗"下的"纹理预览尺寸"下拉列表中，选择之前在纹理 UV 编辑器中设置的尺寸以保证贴图的清晰度，如图 11.5-19 所示。

步骤 17 将设置完毕的材质球拖至立方体上，如图 11.5-20 所示。完成以上步骤后，就成功赋予了模型材质，最终效果如图 11.5-1 所示。

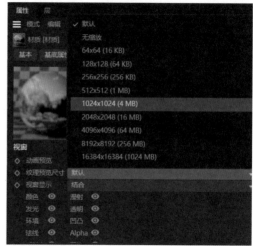

图11.5-19

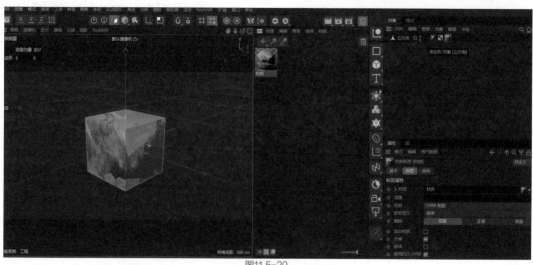

图11.5-20

12

第 12 章

毛发与粒子技术

毛发技术在 3D 建模中用于创建和渲染逼真的头发、毛发、皮毛等，C4D 提供了强大的毛发系统，允许艺术家创建各种类型的毛发效果；粒子技术在 3D 动画中用于创建和控制大量的小型元素，这些元素可以是 2D 或 3D 对象，它们可以被用来模拟各种效果，如烟雾、火焰、雨滴、雪花等。在 C4D 中，毛发和粒子技术经常结合使用，以创造更加丰富和动态的视觉效果。

12.1 毛发的添加与材质的运用

在"模拟"菜单中有毛发、粒子、力场的相关命令，这些命令不仅可以创建毛发，还可以对毛发进行属性修改，如图 12.1-1 所示。

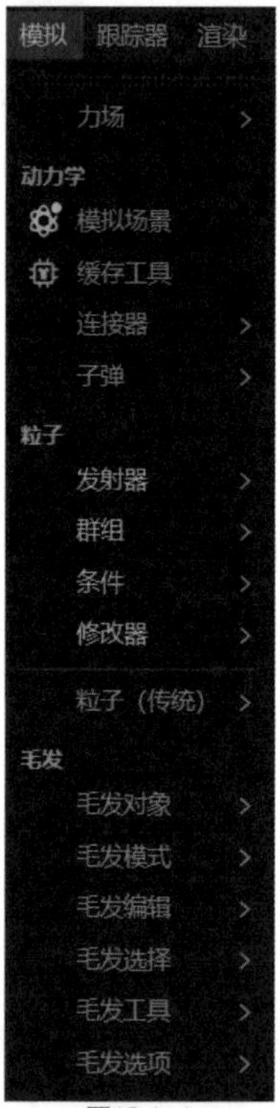

12.1.1 添加毛发

选中需要添加毛发的对象，然后在菜单栏中选择"模拟"—"毛发对象"—"添加毛发"管理器命令，为对象添加毛发，添加的毛发会以引导线的形式呈现，并在"对象管理器"面板中创建相关联的毛发材质，如图 12.1-2 和图 12.1-3 所示。

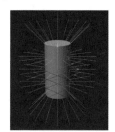

图12.1-2　　　　　　　　　图12.1-3

在属性栏中可以调整毛发的相关属性，如图 12.1-4 所示。

1 引导线

引导线是一种用于控制毛发、布料、粒子等模拟对象形状和方向的工具，可以帮助用户直观地定义模拟对象的流动或生长路径，实现更加自然和可控的效果。

（1）链接

显示的对象是毛发所在的对象。

（2）数量

设置毛发的数量，数量会根据模型的面数自动适应设置，有最大值。

（3）分段

"分段"用于控制毛发的分段，数值越大，弯曲的毛发越柔和、自然。

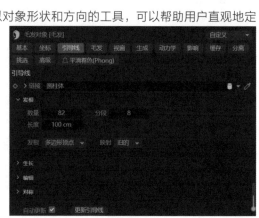

图12.1-1

图12.1-4

（4）长度

"长度"用于控制毛发的整体长度。

（5）发根

"发根"用于控制毛发生长的具体位置，在其下拉列表中可以选择不同的位置，如
图 12.1-5 所示。

图12.1-5

2 毛发

"毛发"选项卡是 C4D 中用于细致调控毛发特性的核心工具，如图 12.1-6 所示。
在这里可以调整毛发的生长数量、分段等关键
信息。这些参数的调整不会即时反映在视图的
引导线上，在渲染过程中才显现其效果。所设
定的参数，如毛发的密度和弯曲度，直接影响
最终渲染图像的真实感和细节。引导线保持其
基础形态，不展示这些细微变化。

图12.1-6

（1）发根

勾选"与法线一致"复选框后，毛发的生
长方向与模型表面法线的方向一致。展开"发
根"下拉列表，可以选择毛发的生长位置，如图
12.1-7 和图 12.1-8 所示。

图12.1-7

（2）克隆

用户可以选择不同的克隆模式控制毛发的分布
方式，如"均匀"或"随机"。通过克隆映射，可以指定特定的区域进行毛发的克隆，
实现局部密集或稀疏的效果。其属性栏如图 12.1-9 所示。

图12.1-8

（3）插值

通过设置插值，毛发在渲染时可以生成更加平滑的外观，避免明显的锯齿或不连
贯的边缘。适当的插值设置可以平衡渲染质量和速度，避免过度计算导致的性能下降。其属性栏如图
12.1-10 所示。

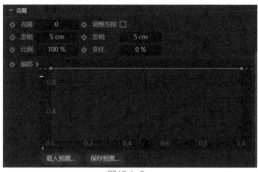

图12.1-9

图12.1-10

12.1.2 毛发材质

当创建毛发模型时，在"材质管理器"面板中会自动创建相应的毛发材质。
双击毛发材质打开"材质编辑器"面板，如图 12.1-11 所示。

图12.1-11

以下是一些毛发材质的重要属性。如果想添加更多毛发效果，可以在属性栏中"基本"选项卡中选择，如图 12.1-12 所示。

图12.1-12

1 "颜色"选项

该选项用于设置毛发的颜色以及纹理效果。其属性栏如图 12.1-13 所示。

（1）颜色

在"颜色"的色条上可以设置毛发从发根到发梢的颜色，和"渐变"的色条一样，可以添加多个颜色，形成不同的渐变效果。

（2）亮度

"亮度"用于控制毛发颜色的量。当小于 100% 时，减小数值，颜色会越来越黑；当大于 100% 时，增大数值，颜色会越来越白。

（3）纹理

在通道中加载贴图，毛发的颜色会按照贴图的样式显示。

图12.1-13

2 "高光"选项

"高光"选项用于设置毛发的高光颜色，默认为白色。拥有高光后，毛发才会有光泽感，显得更加真实。其属性栏如图 12.1-14 所示。

（1）颜色

"颜色"用于设置毛发高光的颜色，默认为白色。除非有特殊需求，一般不会更改高光的颜色。

（2）强度

调整"强度"的值会更改高光的强度。

（3）锐利

"锐利"用于控制高光边缘的清晰度。

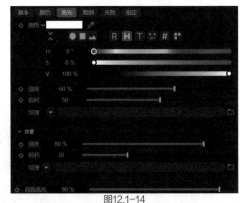

图12.1-14

3 "粗细"选项

"粗细"选项用于设置发根与发梢的粗细。其属性栏如图 12.1-15 所示。

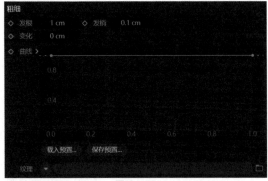

图12.1-15

（1）发根和发梢

"发根"和"发梢"的值代表毛发两端的粗细。

（2）变化

"变化"用于控制发根和发梢在原有设置基础上的随机变化量，使毛发呈现不一样的粗细效果。

（3）曲线

除了设置数值外，还可以通过"曲线"进行设置。曲线左侧的点代表发根的粗细，曲线右侧的点代表发梢的粗细。

4 **"集束"选项**

"集束"选项用于将毛发形成一簇一簇的集束效果，其属性栏如图 12.1-16 所示。

（1）数量

"数量"用于设置毛发需要集束的数量。

（2）集束

"集束"用于设置毛发集束的程度，数值越大，集束效果越明显，如图 12.1-17 和图 12.1-18 所示。"变化"的值代表"集束"的值的随机变化程度。

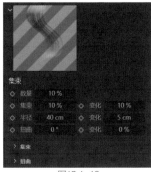

图12.1-16　　　　　　　　　　　图12.1-17　　　　　　　　　　　图12.1-18

5 **"弯曲"选项**

"弯曲"选项用于将毛发弯曲，其属性栏如图 12.1-19 所示。弯曲后的毛发是否柔顺与之前设置的毛发的"分段"值有关。

图12.1-19

（1）弯曲

"弯曲"用于设置毛发弯曲的程度，"变化"用于控制"弯曲"的随机量。

（2）总计

"总计"用于设置需要弯曲的毛发数量，一般情况下保持默认的 100%。

（3）方向

"方向"用于设置毛发弯曲的方向，有"随机""局部""全局""对象" 4 种方式，如图 12.1-20 所示。当设置"方向"为"局部"或"全局"时，可以、选择不同的轴向来指定毛发弯曲的方向。

图12.1-20

6 **"卷曲"选项**

"卷曲"选项用于将毛发卷曲，与"弯曲"相像，其属性栏如图 12.1-21 所示。

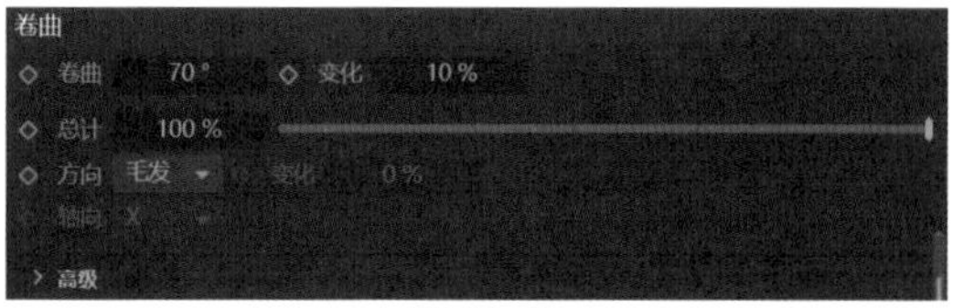

（1）卷曲

"卷曲"用于设置毛发卷曲的程度，"变化"用于设置毛发卷曲时的随机变化程度。

图12.1-21

（2）总计

"总计"用于设置需要卷曲的毛发数量，一般保持默认值。

（3）方向

用于设置毛发卷曲的方向，有"随机""局部""全局""对象" 4 种方式，用法与"弯曲"选项的"方向"一样。当设置"方向"为"局部"或"全局"时，可以选择不同的轴向来指定毛发卷曲的方向。

12.2 粒子系统的创建

在 C4D 中粒子系统是一个功能强大的模块，它允许用户创建和模拟大量的小型对象或粒子，这些粒子可以用于模拟各种自然现象和特殊效果。以下是粒子系统的一些关键概念和组成部分。

12.2.1 粒子发射器

发射器是粒子系统的起点，负责生成粒子。通过调整属性可以模拟粒子的一些生成状态。选择"模拟"，在"发射器"的子菜单中提供了多种类型的发射器，如图 12.2-1 所示。

1 基础发射器

基础发射器是最简单的粒子发射器，它按照用户设定的参数在空间中生成粒子。用户可以通过调整以下属性来控制粒子的生成。

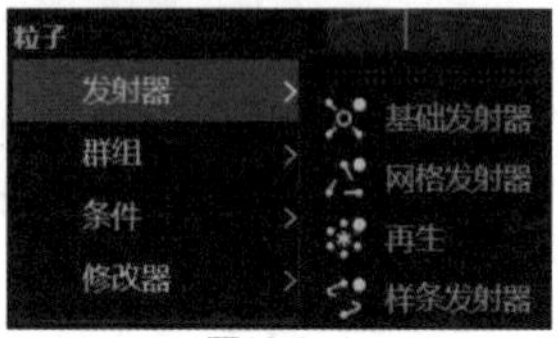

（1）发射源

"发射源"定义粒子生成的位置和范围。

（2）发射速率

"发射速率"设置每秒生成的粒子数量。

（3）生命周期

"生命周期"设置粒子存在的时间。

（4）速度

"速度"控制粒子发射时的初始速度。

图12.2-1

2 网格发射器

网格发射器在 3D 空间的网格上生成粒子。这种发射器适用于需要在特定形状或表面上生成粒子的场景，其属性如下。

（1）网格分辨率

"网格分辨率"控制网格的密度和粒子的分布。

（2）网格大小

"网格大小"控制网格的尺寸。

（3）粒子分布

"粒子分布"控制粒子在网格上的分布方式，例如随机或均匀分布。

3 再生

"再生"是指粒子在生命周期结束后重新生成的能力，可以用来创建连续不断的粒子流效果，其属性如下。

（1）再生次数

"再生次数"设置粒子可以重生的次数。

（2）再生延迟

"再生延迟"设置粒子重生前的等待时间。

4 样条发射器

样条发射器沿着样条曲线生成粒子，适用于模拟烟花轨迹、流线型效果等，其关键属性如下。

（1）样条

"样条"定义粒子生成路径的样条对象。

（2）沿样条分布

粒子沿样条分布的方式，例如均匀或根据样条的弧长分布。

（3）样条方向

粒子生成时的朝向，可以是沿着样条切线方向或自定义方向。

创建一个发射器，在视图窗口中会出现一个绿色的矩形发射器图标，滑动下方的时间滑块，观察粒子运动的方向，如图 12.2-2 所示。

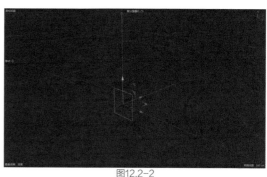

图12.2-2

12.2.2 粒子群组

粒子群组是一个用于管理和控制一组粒子的高级功能。通过将粒子分组，可以更有效地控制粒子的行为、外观和动画。其属性栏如图 12.2-3 所示。

图12.2-3

12.2.3 粒子条件

粒子条件是一种用于控制粒子行为和渲染表现的机制，允许用户根据特定的参数或情况来应用不同的设置，从而实现更加复杂和个性化的粒子效果。粒子条件分为条件、域条件、时间条件。"条件"属性栏如图 12.2-4 所示。

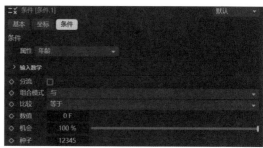

图12.2-4

12.2.4 粒子修改器

粒子修改器是用于改变粒子行为和外观的一系列工具，如图 12.2-5 所示。这些修改器可以应用于粒子发射器，对粒子的生成、运动、外观和生命周期等进行精细控制。

图12.2-5

12.2.5 粒子属性

选中视图窗口中的发射器，属性栏就会显示粒子的相关参数，以传统发射器为例，如图 12.2-6 所示。

在 C4D 的视图窗口中，可以直观地观察粒子的运动状态。

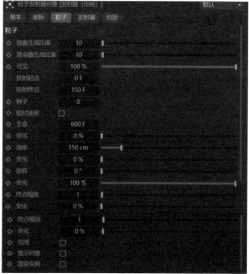

图12.2-6

1 视图生成比率

"视图生成比率"决定了在视图窗口中显示的粒子数量，增加此数值，可以看到更多的粒子，获得更丰富的视觉效果。然而，粒子数量的增加也会相应增加系统的计算负担，可能会减慢计算机的响应速度。

2 渲染器生成比率

增大"渲染器生成比率"数值，可以在不改变视图窗口中显示的粒子数量的情况下，增加渲染时的粒子数量，从而在保持系统流畅运行的同时，获得更加密集的渲染效果。

3 投射起点 / 终点

默认情况下，粒子从动画的第 0 帧开始生成。通过设置"投射起点"，可以控制粒子从哪一帧开始出现。"投射终点"用于控制粒子在哪一帧停止发射。

4 生命

"生命"用于控制粒子存在的时间长度。通过调整其下方的"变化"值，可以控制粒子生命周期的随机范围，从而为粒子系统增加更多的变化和不确定性。

5 速度

"速度"决定了粒子从发射器中发射时的移动速度。其下方的"变化"值用于控制速度的随机范围，使粒子的运动更加自然和多变。

6 旋转

"旋转"使粒子能够围绕自身轴线旋转，为粒子系统增添动态效果。如图 12.2-7 所示，调整旋转的"变化"值，以控制旋转效果的随机范围。

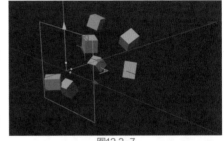

图12.2-7

7 终点缩放

"终点缩放"允许粒子在发射过程中逐渐改变大小，从而创造出更加丰富的视觉效果。如图 12.2-8 所示，调整其下方的"变化"值，可以控制缩放效果的随机范围。

在 C4D 中，粒子默认以几何体的形式存在，但在渲染时通常不会显示其形状。如果我们要使粒子在视图窗口和最终渲染中可见，首先需要创建一个立方体或选择其他任何形

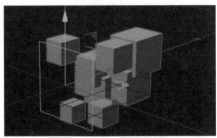

图12.2-8

状的对象，并将其放置为"发射器"的子对象。在完成这一步骤后，确保勾选了"显示对象"和"渲染实例"两个复选框。在视图窗口中可以实时观察到立方体粒子，并在渲染输出中看到它们。

8 水平尺寸 / 垂直尺寸

"水平尺寸"和"垂直尺寸"是控制发射器影响范围的两个关键参数。通过调整这两个参数，可以精确地定义粒子发射的覆盖区域。另外，"水平角度"和"垂直角度"用于确定粒子发射的方向。这两个角度参数允许用户设置粒子发射的圆锥形范围，从而控制粒子的喷射方向和分布。

通过细致地调整这些参数，可以实现对粒子发射的全面控制，无论是在视觉效果的预览还是在最终的渲染输出中。

12.2.6 烘焙粒子

烘焙粒子是一个将粒子动画转换成实际几何体的过程。这样做可以减少渲染时的计算量，提高渲

染效率，尤其是对于复杂的粒子系统。当模拟完粒子效果后，需要将模拟的效果转换为关键帧动画。选择"模拟"，执行"烘焙粒子"命令，打开"烘焙粒子"对话框，如图 12.2-9 和图 12.2-10 所示。

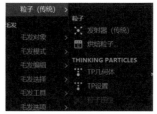

在"烘焙粒子"对话框中，"起点"和"终点"参数用于指定烘焙动画的起始和结束帧，

图12.2-9

图12.2-10

确保只烘焙所需的动画段，"烘焙全部"参数用于调整烘焙帧的频率。

12.3 力场效果与控制

力场效果是控制粒子行为的重要工具，它们可以模拟现实世界中的物理力量，如重力、风力和湍流，从而影响粒子的运动和分布。选择"模拟"，在"力场"的子菜单中提供了多种力场供用户选择，如图 12.3-1 所示。

图12.3-1

12.3.1 吸引场

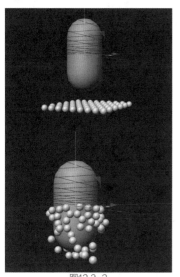

"吸引场"是一种力场效果，可以使粒子向一个特定的点或对象移动，就像被磁铁吸引一样。"吸引场"对粒子产生吸引和排斥的效果。选中"发射器"对象后单击"吸引场"按钮，在场景中创建一个吸引场。拖动时间滑块，可以观察到粒子在经过吸引场时路径产生变化，并向吸引场的方向移动，如图 12.3-2 所示，小球被带有吸引场的胶囊吸引。

属性栏是控制粒子行为的核心区域。通过调整"强度"，可以精确控制粒子受到的吸引力或排斥力的大小。"强度"设置为正值会使粒子向力场的中心点移动，表现出吸引状态；设置为负值则会推动粒子远离中心点，产生排斥效果。如图 12.3-3 所示。

图12.3-2

图12.3-3

在"域"中，可以引入不同形状和大小的域，以实现复杂的交互效果。通过这些域的组合，不仅可以增强或减弱力场在特定区域的影响，还能创造出吸引和排斥力相互交织的复杂动态，如图 12.3-4 和图 12.3-5 所示。

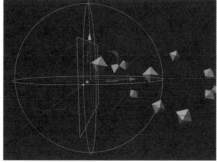

图12.3-4

图12.3-5

12.3.2 偏转场

"偏转场"是一种在 C4D 中用于模拟粒子反弹效果的力场。如图 12.3-6 所示，在创建一个偏转场后，视图窗口中将出现一个蓝紫色的矩形控制器，这个控制器代表了反弹面（在渲染中不可见）。这个反弹面的作用是当粒子与其接触时，粒子会像遇到实体表面一样产生反弹，从而创造出更加逼真的动态效果。

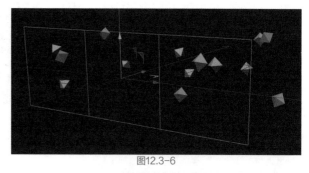

图12.3-6

通过调整"偏转场"的属性，可以控制粒子与反弹面交互的强度和方式，实现从轻微偏转到强烈反弹等多种效果。这种灵活的控制使得"偏转场"成为模拟复杂物理现象（如流体动力学或粒子与环境相互作用）时的理想选择。

属性栏是调整力场效果的关键，如图 12.3-7 所示。"弹性"参数是控制粒子反弹行为的核心，决定了反弹的力度。设置较高的"弹性"数值会使粒子在接触反弹面时产生更加明显的弹跳效果，从而增强动态视觉效果。

如果想让部分粒子表现出反弹效果，以增加动画的随机性和自然感，可以勾选"分裂波束"复选框，勾选后将允许系统随机选择粒子进行反弹，而不是所有粒子都遵循同一规则。

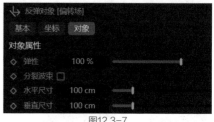

图12.3-7

"水平尺寸"和"垂直尺寸"参数用于精确控制反弹面的物理尺寸。只有当粒子进入这个设定的尺寸范围内时，才会受到反弹力的影响。通过调整这两个尺寸参数，可以限定反弹效果作用的具体区域，从而进一步细化粒子的动态表现。

通过这些细致的设置，可以为粒子系统创造出丰富且真实的物理交互效果，无论是模拟真实的物理反弹还是创造具有艺术感的动态效果。

12.3.3 破坏场

"破坏场"是一种特殊类型的力场，作用是使粒子在接触到它时逐渐消失，从而创造出一种破坏或消散的效果，如图 12.3-8 所示。创建一个"破坏场"后，视图窗口中会显现出一个立方体形状的控制器，这个控制器代表了力场的作用区域（在渲染中不可见）。

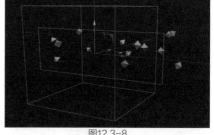

图12.3-8

粒子在进入这个立方体控制器的边界时，会开始它们的消失过程。这种效果非常适合用来模拟爆炸、瓦解或其他形式的动态破坏。通过调整"破坏场"的属性，可以控制粒子消失的速度和方式，从而实现从温和的消散到剧烈的爆炸等多种视觉效果。

在属性栏中可以调整控制粒子消失效果的参数，如图 12.3-9 所示。通过调整"随机特性"的值，可以创造出一

图12.3-9

种自然的随机消失效果，使得并非所有粒子在接触控制器时都会消失。这个参数的数值越大，在控制器范围内"存活"的粒子数量越多，从而增加了效果的不可预测性和多样性。

此外，"尺寸"参数允许用户调整控制器的实际大小，从而控制粒子消失作用的区域。通过精确设置尺寸，确保粒子仅在特定的空间范围内受到影响，为整个场景增添更多细节和真实感。

12.3.4 摩擦力

当粒子系统中的运动粒子被施加"摩擦力"时，它们的速度将逐渐减慢，最终呈现出一种聚集的状态。这种效果在视觉上类似于粒子在受到阻力后逐渐停止运动，如图 12.3-10 所示。

在属性栏中，可以对摩擦力的影响进行细致的调整，如图 12.3-11 所示。通过设置"强度"的值，控制摩擦力对粒子速度减慢的影响程度，数值越大，粒子减速的效果越显著，使得粒子能更快地达到静止状态。

此外，"角度强度"参数控制粒子在旋转运动中受到的摩擦力的影响。这个参数决定了粒子旋转速度的减缓程度，从而影响粒子的旋转动态。

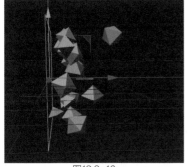

图12.3-10

图12.3-11

12.3.5 重力场

"重力场"是模拟自然下落效果的关键力场，它使得粒子仿佛受到地球引力的作用，沿垂直方向下落，如图 12.3-12 所示。在场景中，重力场的控制器以一个指向下方的箭头形象呈现，直观地指示了力场的作用方向。粒子在重力场的作用下，会沿着优美的抛物线轨迹运动，展现出自由落体的自然美感。

在属性栏中，可以通过调整"加速度"的值来控制重力场的强度，如图 12.3-13 所示。这个参数决定了粒子下落的速度和抛物线的弯曲程度，"加速度"值越大，粒子下落越快，形成的抛物线轨迹也越陡峭。通过细致的调节加速度，可以创造出从轻柔飘落到急速下坠等多种不同的动态效果，为粒子系统赋予更加丰富和逼真的物理行为。

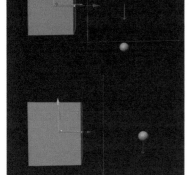

图12.3-12

图12.3-13

12.3.6 旋转

"旋转"力场赋予粒子在发射时即刻获得角速度，从而产生旋转效果，这为粒子系统增添了动态的视觉趣味，如图 12.3-14 所示。与"吸引场"相似，"旋转"力场的控制器在视图窗口中并不可见，它们的位置和作用只能通过坐标轴来确定，为粒子的运动轨迹增添了一层神秘感。

在属性栏中，可以通过调整"角速度"的值来控制粒子旋转的速度，如图 12.3-15 所示。这个参数可以从微妙的旋转到急剧的自旋，为粒子的运动添加不同程度的旋转动态。

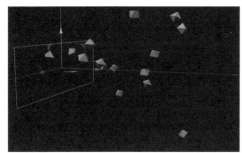

图12.3-14

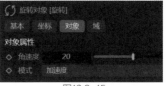

图12.3-15

12.3.7 湍流

　　"湍流"力场为粒子的运动注入了不可预测的随机性，使其在飞行过程中产生自然的抖动和波动，从而让整体动画显得更加丰富和生动，如图 12.3-16 所示。这种效果模拟了自然界中常见的湍流现象，如风吹动树叶或水流中的涟漪，为粒子系统带来了一种动态的美感。

　　在属性栏中，可以通过调节"强度"的值控制湍流效果的剧烈程度，如图 12.3-17 所示。较高的"强度"值会使粒子受到更强烈的随机扰动，产生更加混乱的运动轨迹；较低的"强度"值则会产生更为微妙和细腻的波动效果。

　　与"湍流"力场相关的控制器并不会在视图窗口中直接显示，它们的作用和位置只能通过粒子的运动表现来间接观察。这种设计使得使用者可以专注于调整效果本身，而不必担心控制器在视觉上的干扰。

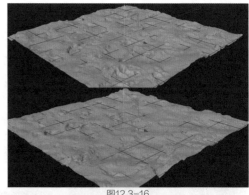

图12.3-16

图12.3-17

12.3.8 风力

　　如果要在粒子的运动路径中引入一种具有明确方向性的力，"风力"是一个理想的选择，能够轻松地为粒子带来这种效果，如图 12.3-18 所示。"风力"的控制器以一个风扇图标呈现（在渲染中不可见），但它的箭头清晰地指示了风力的作用方向。随着时间的推进，可以看到控制器的风扇图标仿佛随风旋转，形象地展示了风力的方向和动态。

　　在属性栏中，可以通过调整"速度"的值来控制风力的强度，如图 12.3-19 所示。这个参数可以从轻柔的微风到强劲的风暴，精细地模拟不同环境下风的效应。默认情况下，风力的大小是恒定不变的，也可以通过进一步设置模拟风的不稳定性或周期性变化。

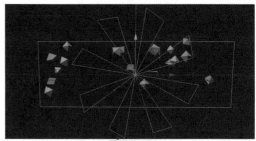

图12.3-18

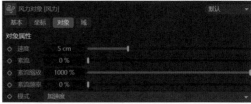

图12.3-19

13 第 13 章

动力学技术

C4D 的动力学技术是一套先进的模拟系统，它允许用户在 3D 场景中实现真实的物理交互，包括碰撞、摩擦、重力和其他自然力量的影响。通过动力学，对象能够按照物理定律进行自然的运动和反应，从而为动画制作带来高度的真实感和复杂性。该技术不仅简化了动画关键帧的创建过程，还使得设计师能够轻松探索和实现复杂的动态效果，如布料的摆动、流体的流动、刚体和软体动态等，极大地扩展了创作的可能性和动态表现力。

13.1 动力学技术的行业应用

C4D 中的动力学工具以其易于使用和稳定性而著称，特别适合于创造那些需要高度复杂性的动画效果。在栏目包装和广告制作领域，动力学的应用尤为广泛，它不仅能够增强动画的现实感，还能够用来设计具有独特视觉效果的静态图像。

C4D 中的"模拟标签"（如布料和绳索），提供了制作复杂模拟模型的功能，该功能在多个行业中都得到了应用，进一步证明了其在 3D 设计和动画制作中的多功能性和实用性。

13.2 子弹标签的应用

"子弹标签"中汇集了用于创建动力学效果的多种工具，如图 13.2-1 所示。在 C4D 的早期版本中，这些与动力学相关的功能被归类在"模拟标签"下，而现在它们已经被整合并明确标识在"子弹标签"中，以便于用户更直观、便捷地访问和使用。

图13.2-1

13.2.1 刚体

"刚体"标签，一听其名便能让人联想到它赋予对象的坚硬特性。应用了"刚体"标签的对象在动力学模拟中会表现出无弹性碰撞，不会因相互撞击而发生形变。

图13.2-2

如果要将一个对象设置为刚体，首先选中该对象，然后在"对象管理器"中单击鼠标右键，从弹出的快捷菜单中选择"子弹标签"—"刚体"命令，即可给对象添加"刚体"标签，如图 13.2-2 所示。

一旦对象被赋予了"刚体"属性，按 F8 键启动模拟，将观察到对象受到重力作用而自然下落，展现出逼真的物理行为，如图 13.2-3 所示。这个过程无须复杂地设置，即可实现动态的物理效果，是 C4D 动力学模拟功能的一部分。

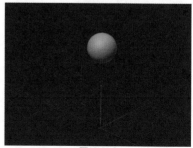

图13.2-3

"刚体"标签的参数众多，如图 13.2-4 所示。通过设置初始形态、弹性（反弹系数）、摩擦力、质量以及作用力，可以精细地调控刚体对象的动力学行为。这些参数共同影响对象在模拟中的动态反应，包括碰撞后的反弹效果和在不同材质表面上的滑动表现。动力学模拟的持续时间，也就是模拟过程

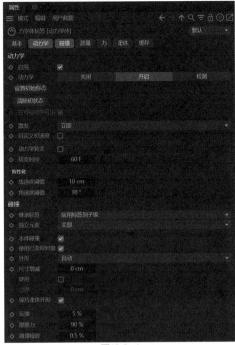

图13.2-4

图13.2-5

图13.2-6

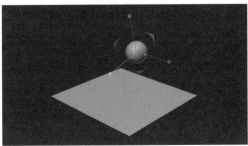

图13.2-9

的总时长，同样是决定最终动画效果的一个重要因素。

单击"设置初始形态"按钮，所选刚体对象的当前状态将被记录为动力学模拟的起始状态。当模拟回溯至第一帧时，对象将恢复至这一预设形态。若要取消此初始设定，单击"清除初状态"按钮即可。

默认情况下，刚体的碰撞和动力学计算将从动画时间轴的第一帧开始执行。用户可以展开"激发"下拉列表，选择不同的模拟选项，如图 13.2-5 所示。

选中"自定义初速度"复选框后，用户能够为对象指定"初始线速度"和"初始角速度"，如图 13.2-6 所示。

"初始线速度"指的是对象沿着 X 轴、Y 轴和 Z 轴 3 个方向的移动速度。"初始角速度"指的是对象绕着 X 轴、Y 轴和 Z 轴旋转的速率。3 个独立的文本框分别对应这 3 个坐标轴，可以对应每个轴的速度进行独立设置和调整。

一旦设置了这些初始速度参数，对象的运动轨迹将从简单的自由落体变为具有旋转效果的抛物线运动，如图 13.2-7 所示。这种设置为动画制作提供了更多动态表现的可能性。

选中"动力学转变"复选框后，刚体对象将在指定的"转变时间"帧数处开始表现出动力学碰撞效果，在此时间之前的帧中则不会显示动力学碰撞反应。

在"外形"下拉列表中，用户可以定义动力学对象的碰撞形状，通常保持默认的"自动（MoDynamics）"选项就足够了，如图 13.2-8 所示。如果默认的模拟效果不能满足需求，用户可以从该下拉列表中选择其他更适合的碰撞形状选项。

图13.2-7

图13.2-8

当刚体对象与其他动力学对象发生碰撞时会产生反弹。"反弹"滑块用来调节这种反弹的强烈程度，该值设置得越高，对象的反弹效果越显著，如图 13.2-9 所示。被碰撞物体需要被赋予"碰撞体"标签。

当刚体对象与其他动力学对象发生接触并产生滚动等摩擦行为时，"摩擦力"参数将影响刚体减速至停止所需的时间。该数值设置得越高，表示摩擦力越大，会导致刚体对象更快地停止运动。在默认情况下，系统会跟据创建的模型自动调整其质量，但在某些碰撞场景中，如果对象的质量设置有偏差，可能无法达到预期的碰撞效果。

图13.2-10

用户可以通过展开"使用"下拉列表，在其中选择不同的选项来手动设定刚体对象的质量，如图 13.2-10 所示。

完成动力学动画的模拟后，为了保留动画效果，需要将这些动画效果烘焙成关键帧。如果不进行烘焙，当播放头回到时间线的起始位置时，动画效果将会消失。用户可以通过单击"烘焙对象"按钮来烘焙选定对象的关键帧。如果场景中包含多个动力学对象，单击"全部烘焙"按钮可以一次性烘焙所有对象的关键帧，从而确保动画效果的持久性。

若在烘焙关键帧动画之后需要对动画进行调整，通过单击"清除对象缓存"或者"清空全部缓存"来移除已烘焙的关键帧。这样操作后可以恢复到烘焙前的状态，使动画的原始动力学模拟再次成为可编辑的形态。

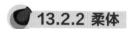

图13.2-11

13.2.2 柔体

若要模拟篮球等在碰撞时会产生形变的物体，"刚体"标签显然不适用，此时应该选择"柔体"标签。首先选中希望变为柔体的对象，然后在"对象管理器"中单击鼠标右键，从弹出的快捷菜单中选择"子弹标签"—"柔体"命令，即可为该对象添加"柔体"标签，如图 13.2-11 所示。

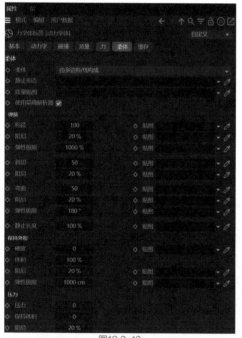

图13.2-12

"柔体"标签的属性大体与"刚体"标签相同，但需要在"柔体"选项卡中进行特定的参数调整，如图 13.2-12 所示。通过这些调整，用户可以模拟出更为真实的柔软物体的物理行为。

若要将"柔体"对象转换为"刚体"对象，应该在"柔体"下拉列表中，将默认选项"由多边形 / 线构成"更改为"关闭"，如图 13.2-13 所示。

图13.2-13

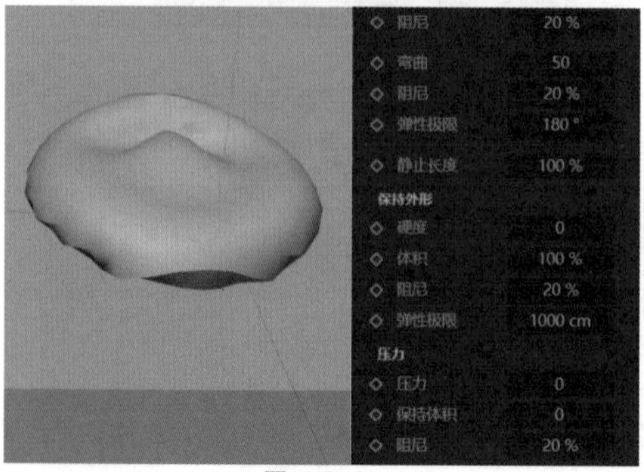

"硬度"参数用于调节柔体对象表面的硬度。该数值设置得越高，对象表面越不易发生形变，形变程度越小，如图 13.2-14 所示为硬度为 0 时的效果，通过调整"硬度"参数，可以实现从柔软到坚硬，不同物理特性时的表现。

图13.2-14

"压力"参数可以类比为柔体对象内部充满的气体量，这个数值设置得越大，相当于充入的气体越多，这会使得对象的形变更为受限，即形变程度越小，如图 13.2-15 所示为压力 100 时的效果。通过调整"压力"参数，用户可以控制柔体在受力时的膨胀程度，进而模拟出更加真实的物理反应。

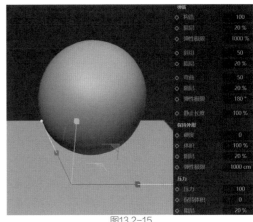

图13.2-15

13.2.3 碰撞体

刚体和柔体对象在与碰撞体接触时，会展现出反弹和摩擦的动力学特性，创造出多样化的物理互动效果。被赋予"碰撞体"标签的对象本身不会进行移动，它们类似于现实中的墙壁或地面，用于约束其他对象的运动。

如果要将某个对象设置为碰撞体，首先选中该对象，然后在"对象管理器"中单击鼠标右键，在随后弹出的快捷菜单中选择"子弹标签"—"碰撞体"命令，这样就可以给该对象添加"碰撞体"标签，如图 13.2-16 所示。这样设置后，该对象将能够与刚体和柔体对象发生碰撞，但不会产生自身的运动。

图13.2-16

在"对象管理器"中选中带有"碰撞体"标签的图标后，用户可以在下方的属性栏中调整其相关属性，如图 13.2-17 所示。"反弹"和"摩擦力"这两个参数同样存在于"碰撞体"标签中，并且在"碰撞体"标签中它们的功能和用法与"刚

图13.2-17

体"中的一致。通过调整这些参数，可以控制对象在碰撞时的物理反应，例如反弹的高度和滑动的难易程度。

13.2.4 检测体

"检测体"用于动力学检测，其参数基本与"柔体"相同，如图 13.2-18 所示。

在 C4D 中，子弹标签中的"检测体"标签是一种用于为对象添加刚体动力学特性的工具。当一个对象被赋予了"检测体"标签后，它就可以在模拟中与其他刚体或环境相互作用，表现出真实的物理行为，如碰撞、反弹和运动。这种标签非常适合用于创建动态场景中的物理效果，例如模拟物体的自由落体、碰撞反应或复杂环境中的运动。通过调整"检测体"标签的属性，如质量、摩擦力和弹性，可以控制对象的物理反应，实现更加逼真的动画效果。

图13.2-18

13.3 模拟标签的应用

在"模拟标签"中，包含了多种专用标签，用于实现各种不同的布料模拟效果，如图 13.3-1 所示。这些标签使设计师能够根据不同的需求和场景，精确地控制布料的动态特性和外观表现。

图13.3-2

13.3.1 布料

赋予了"布料"标签的对象会具备布料的物理属性，当它们与其他动力学对象发生碰撞或自身折叠时，会呈现出逼真的布料褶皱效果。如果要指定一个对象为布料，首先选中该对象，然后在"对象管理器"中单击鼠标右键，在弹出的快捷菜单中选择"模拟标签"—"布料"命令，即可赋予该对象"布料"标签，如图 13.3-2 所示。

图13.3-1

"布料"标签的属性栏不仅包含"基本"选项卡，还包含了"修整""缓存"以及"力场"等其他选项卡，如图 13.3-3 所示。这些选项卡提供了丰富的设置，允许用户对布料的行为和特性进行细致的调整和控制。

如果要使布料看起来更加柔软，可以通过增大"弯曲度"的值来达到效果，如图 13.3-4 所示弯曲度为 10 时的效果。当"弯曲度"较高时，布料的柔软性增强，适合模拟柔软的材质。然而，若要模拟较厚重的布料，不应该过分增大"弯曲度"的值。

除了"弯曲度"之外，"厚度"和"质量"也对布料

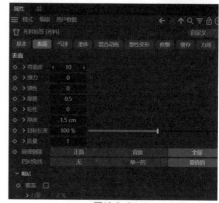

图13.3-3

的模拟效果有重要影响。"弹力"用来模拟布料自身在碰撞时的弹性表现，而"弹性"则是针对布料与其他物体碰撞时的反弹特性。

调整"四对角线"的类型，能够产生不同的布料效果，如图 13.3-4 所示为双倍的效果，如图 13.3-5 所示为无的效果，布料会紧紧包裹住物体。通过细致地调节这些参数，用户可以创造出丰富多样且逼真的布料动态。

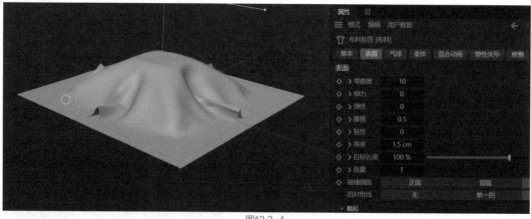

图13.3-4

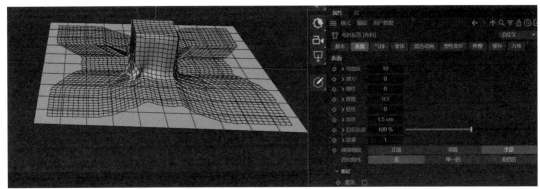

图13.3-5

13.3.2 绳索

　　"绳索"标签是用来模拟绳索类对象的,这个标签所模拟的对象必须是样条线。选中要成为绳子的对象,在"对象管理器"中单击鼠标右键,在弹出的快捷菜单中选择"模拟标签"—"绳索"命令,即可为该对象赋予"绳索"标签,如图13.3-6所示。

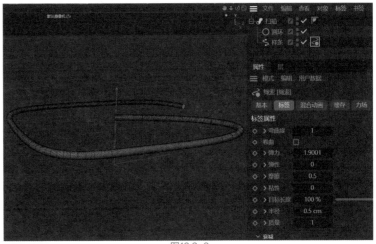

图13.3-6

　　"弯曲度"参数用于控制绳子的弯曲程度,增加该值将使得绳子看起来更加柔软,如图 13.3-7 所示。"卷曲"参数可以被用来为绳子添加卷曲的效果,调整此参数后,绳子将呈现出不同的卷曲形态,如图13.3-8 所示。通过细致地调节这些参数,用户能够模拟出从直线到波浪形等多种绳索形态。

　　若要制作断裂的绳子效果,勾选"撕裂"复选框,并设定"撕裂晚于"参数,当样条线上的点

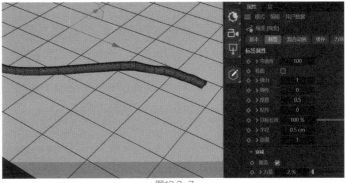

图13.3-7

间距超这一设定值时,绳子便会在该处产生撕裂效果。

　　选择样条上的特定点并单击"设置"按钮,即可将该点固定,其他点继续保留其动力学特性,从而创建出悬挂或固定端的效果,如图 13.3-9 所示。若需解除某点的固定状态,选中该点后单击"释放"按钮即可恢复其动力学行为。

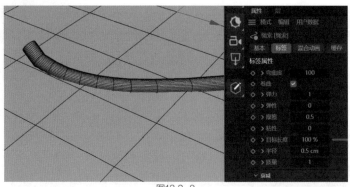

图13.3-8

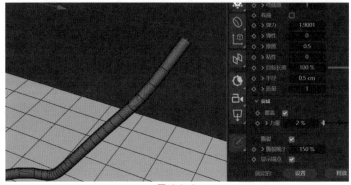

图13.3-9

13.3.3 碰撞器

"碰撞器"标签是一种用于模拟布料与物体碰撞的组件，它与"子弹标签"中的"碰撞器"类似，也是用于模拟碰撞的对象。如图 13.3-10 所示为"碰撞器"标签的属性栏。当勾选"使用碰撞"复选框后，布料就会与碰撞体发生碰撞。此外，"反弹"和"摩擦"参数分别用来调节布料与碰撞体接触时的反弹力度和摩擦系数。

图13.3-10

13.3.4 布料绑带

在 C4D 中，"布料绑带"标签允许用户将布料的物理属性赋予对象，模拟布料在重力和其他外力作用下的行为。"布料绑带"标签可以用来创建服装、旗帜、窗帘等物体的自然下垂和摆动效果。它通过模拟布料的拉伸、压缩、剪切和弯曲等物理特性，让布料在动画中呈现出逼真的动态反应。"布料绑带"标签还包括对布料厚度、弹性、摩擦力等

图13.3-11

属性的控制，以及对布料与布料之间或布料与其他物体之间交互的精细调整，使得模拟结果更加真实和符合预期。其属性栏如图 13.3-11 所示。

13.3.5 气球

在 C4D 中，"模拟标签"中的"气球"标签是一种特殊的模拟工具，它允许用户创建具有膨胀和弹性特性的物体。当一个对象被赋予"气球"标签后，它可以模拟充满气体的物体，如气球或充气玩具，表现出膨胀、漂浮和受力变形等行为。这种效果特别适合用来制作具有轻质和弹性特点的动

图13.3-12

画，例如模拟热气球升空、玩具充气或软物体在受压后的反弹效果。通过调整"气球"标签的属性，如压力、弹性和体积保持等，用户可以精确控制模拟物体的物理反应，实现更加生动和逼真的动画效果。其属性栏如图 13.3-12 所示。

其中，"超压"代表给气球充气的量，数字越大球体越膨胀，"扩张时间"即多长时间充满气。

新建一个"圆环体"，给"圆环体"添加"气球"标签，将"超压"改为3、"扩张时间"改为 30F，如图 13.3-13 所示。

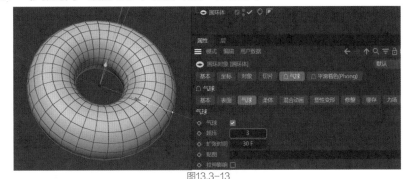

图13.3-13

图13.3-14

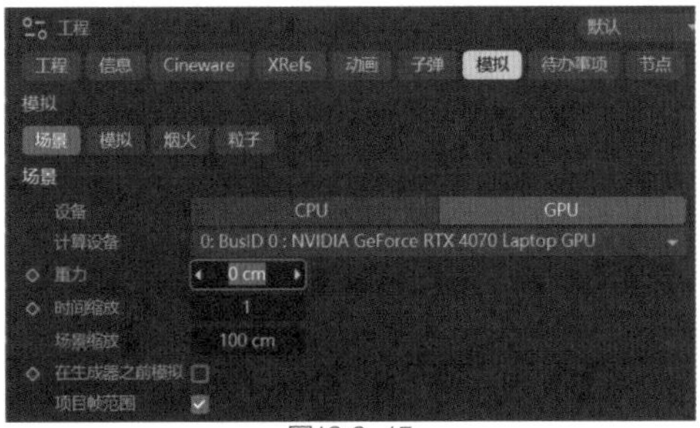

此时直接按 F8 键开始播放，气球会掉下去。选择"模式"—"场景"命令，然后在"模拟"下的"场景"栏中将"重力"改为 0，如图 13.3-14 和图 13.3-15 所示，此时播放，气球将在原地膨胀。

图13.3-15

如果此时气球的弹性过大，超过了预期，会弹离原地。在"气球"属性栏的"混合动画"下勾选"使用力场"复选框，如图 13.3-16 所示，气球将会保持在原地。

图13.3-16

调整"气球"属性栏的"表面"下的"弯曲度""弹力""目标长度"等参数，可以达到类似甜甜圈、游泳圈、发圈的效果，如 图 13.3-17 ～ 图 13.3-19 所示。其中最重要的参数是"目标长度"，"目标长度"越大，物体表面积越大，褶皱也就越多。为了使物体线段更丰富，变化更自然，可以加上"细分曲面"修改器。

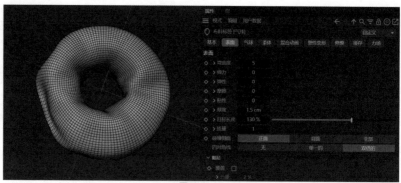

图13.3-17

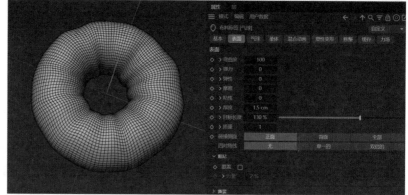

图13.3-18

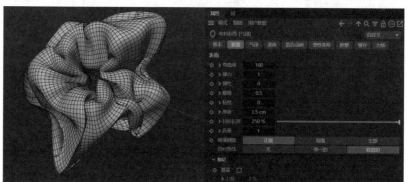

图13.3-19

14

第 14 章

动画技术

C4D 是一款功能强大的 3D 建模、动画和渲染软件，以其直观的用户界面和强大的动画技术而闻名。它提供了一套完整的动画工具，包括关键帧动画、运动图形模块、角色动画以及先进的布料和刚体动力学模拟。用户可以使用这些工具轻松创建复杂的动画效果，如逼真的布料摆动、流体模拟和角色动作，C4D 广泛应用于电影、电视、广告和游戏制作等领域。C4D 的动画技术以其高效性和易用性，帮助艺术家和设计师快速实现创意，制作出高质量的动态视觉效果。

关键帧动画是其核心功能之一，用户通过在时间线上设置关键帧来定义动画的起始和结束状态。关键帧动画通过记录对象在特定时间点的位置、旋转和缩放等属性，然后由 C4D 自动计算两个关键帧之间的平滑过渡，从而实现流畅的动画效果。用户可以轻松地添加、移动或调整关键帧，以控制动画的精确时间和动作，无论是简单的物体移动还是复杂的角色动作，都能通过关键帧动画技术实现。此外，C4D 提供了丰富的关键帧插值选项，包括线性、平滑、缓入缓出等，使得动画更加自然和富有表现力。关键帧动画的灵活性和直观性，使 C4D 成为动画制作中不可或缺的工具。

14.1 主流动画的行业应用

C4D 是动画制作领域的佼佼者，其强大的动画制作能力在日常的动画项目中发挥着不可或缺的作用。无论是简单的动画效果还是复杂的场景设计，C4D 都能提供高效的解决方案，确保动画制作过程的流畅性和最终作品的专业品质。

14.1.1 产品演示动画

C4D 是制作产品演示动画和广告的热门选择，其强大的建模功能可以迅速构建出精确的产品模型和展示场景。通过精心设计的镜头动画，可以全方位地展示产品的外观和细节，捕捉产品的精髓。完成渲染后，这些镜头素材可以导入 After Effects 中，添加必要的后期特效，增强视觉效果。最后，在 Premiere Pro 中进行剪辑，将各个片段串联成一部连贯的影片，这种工作流程能够创造出引人入胜的动画，有效地传达产品的特点和氛围，最终效果如图 14.1-1 所示。

图14.1-1

14.1.2 影视包装动画

C4D 与 After Effects 结合使用，可以极大地简化影视包装动画的制作过程。C4D 专注于创建动画元素，无论是生成静态图像还是动态视频，这些元素都能在 After Effects 中进行进一步的合成和加工。这种工作流程不仅提高了制作效率，还使得最终的视觉效果更加丰富和专业。如图 14.1-2 所示，

图14.1-2

After Effects 中的合成效果展示了 C4D 动画元素与后期处理的完美结合。

14.1.3 MG 动画

Motion Graphics（MG 动画）是 C4D 动画制作的一个重要应用领域。C4D 不仅能够高效完成动画元素的建模和渲染，还能直接制作动画本身。在 After Effects 中，这些元素或动画可以进一步合成，创造出连贯且引人入胜的动画效果。如图 14.1-3 所示，这种结合使用 C4D 和 After Effects 的工作流程，能够制作出专业且具有视觉冲击力的 MG 动画作品。

图14.1-3

14.2 动画制作工具概览

在本节中，将探讨 C4D 的基础动画技术。通过掌握关键帧的设置和时间线窗口的使用，可以轻松地创建出一系列基础动画效果。

14.2.1 "时间线"面板

C4D 的动画制作工具主要集中在"时间线"面板中，如图 14.2-1 所示。顾名思义，时间线面板展示了制作动画的时间轴，从左到右时间递增。"时间线"提供了一个直观的界面来控制动画的时间和关键帧。用户可以通过拖动和调整关键帧来设定动画的开始、结束和持续时间，实现动画的精确控制。

图14.2-1

时间线面板还支持多种播放模式，包括单帧步进、实时播放和循环播放，以适应不同的预览需求。此外，它还具备时间拉伸功能，可以改变动画的速度曲线，使动画更加平滑或强调某些动作。用户可以在时间轴上快速添加、删除或移动关键帧，以及调整关键帧的插值方式，从而创造出从线性到缓入缓出的多种动画效果。时间线面板的设计旨在提高动画制作的效率和灵活性，是 C4D 中不可或缺的动画编辑工具。时间线是实现动画效果的基础。

单击界面上的"时间线窗口（摄影表）"按钮，即可展开"时间线窗口"，如图 14.2-2 所示。此外，用户还可以选择切换到"时间线窗口（函数曲线）"视图，或者使用"运动剪辑"功能。这些选项提供了不同的方式去编辑和查看动画的时间序列，以满足不同动画制作的需求。

图14.2-2

1 时间轴上的帧

"场景开始帧"指的是动画序列的起始点，通常默认设置为帧 0。与之相对应，"场景结束帧"定义了动画的结束点，即场景的最后一帧。通过调整这两个参数的数值，用户可以改变整个时间线的长度。"当前帧"显示的是时间滑块当前所在的位置，即正在查看或编辑的帧。用户可以直接在输入框中输入一个数值，时间滑块会立即跳转到用户指定的帧，从而快速定位到动画的特定部分。

2 跳转和播放

单击"转到开始"按钮，将会跳到动画序列的起始帧。与之相对应，单击"转到结束"按钮将会直接跳至动画的最后一帧。

"转到上一关键帧"按钮用于快速导航至上一个关键帧，"转到下一关键帧"按钮用于跳至下一个关键帧。这些快捷按钮为用户提供了在时间线上快速定位和导航的便利。

单击"转到上一帧"按钮，画面将向前移动一帧；单击"转到下一帧"按钮，画面将向后移动一帧。单击"向前播放"按钮（或使用快捷键 F8）可以正向播放动画，这在制作粒子动画和动力学效果时尤其有用，可以实时观察模拟的动态过程。

3 自动关键帧

单击"记录活动对象"按钮（或使用快捷键 F9），将捕捉并记录所选对象的一切变化，如位置、旋转、缩放的改变等。"记录活动对象"需要在有摄像机的情况下使用。单击"自动关键帧"按钮（或使用快捷键 Ctrl+F9），则会自动为所选对象创建关键帧。启用此功能时，视图窗口边缘会显示红色边框，这表示关键帧记录处于激活状态，如图 14.2-3 所示。

图14.2-3

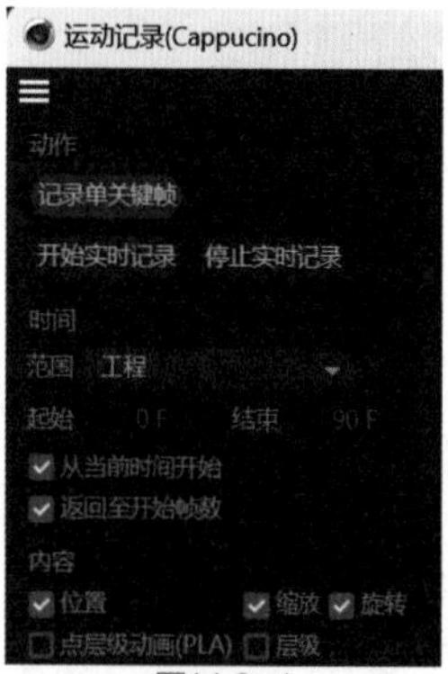

4 运动记录

单击"运动记录（Cappucino）"按钮，将打开一个面板，如图 14.2-4 所示，可以在其中设置动画的多个相关属性。单击"坐标管理器"按钮，打开如图 14.2-5 所示的面板，其中可以对对象的位置、旋转角度和缩放比例进行精确地控制和调整。

图14.2-4

图14.2-5

14.2.2 时间线窗口

"时间线窗口"是动画制作中不可或缺的编辑工具，通过它可以轻松调整速度曲线，进而精细控制物体的运动特性。如果要打开时间线窗口的函数曲线视图，可以打开时间线窗口后打开函数曲线窗口，或者使用快捷键 Shift+Alt+F3。打开的界面如图 14.2-6 所示，用户可以在此窗口中对动画的速度和时间变化进行更深入的编辑。

图14.2-6

　　时间线窗口的主要功能之一是调整运动曲线的斜率，这影响着动画的节奏感。不同斜率的曲线会带来不同的视觉效果和运动感。

　　Y 轴位移动画曲线在两个关键帧之间呈现 S 形，这种曲线的走势说明对象首先进行减速，然后保持一段匀速运动，最后再次加速，沿 Y 轴变化其位置，如图 14.2-7 所示。

　　Y 轴的位移动画曲线在两个关键帧之间是线性的，这表明对象沿 Y 轴进行的是匀速直线运动，如图 14.2-8 所示。

　　Y 轴位移动画曲线在两个关键帧之间呈现抛物线形状，如图 14.2-9 所示，这代表对象沿 Y 轴进行的是加速运动，即速度随时间增加而增加。

　　Y 轴位移动画曲线在两个关键帧之间的曲线呈现抛物线形状，如图 14.2-10 所示，这代表对象沿 Y 轴进行的是减速运动，即速度随时间增加而增加。

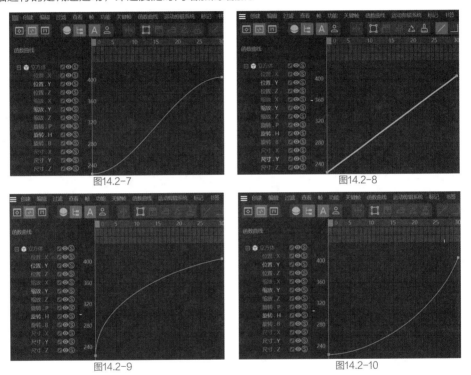

图14.2-7　　　　　　　　　　　　　　图14.2-8

图14.2-9　　　　　　　　　　　　　　图14.2-10

　　通过分析上述 4 幅图可以得出结论：对象的运动速度与动画曲线的斜率紧密相关。当曲线呈现直线时，代表对象进行匀速运动；当斜率逐渐增大时，曲线呈现抛物线形状，意味着对象在加速；而当斜率逐渐减小时，同样形成抛物线，表示对象正在减速。

　　在 C4D 的时间线窗口中，用户可以通过不同的插值方法来调整曲线的走势，包括"线性""步幅""样条""柔和""缓入"和"缓出"等。这些工具可以实现各种动画节奏和效果，从而创造出符合创意设想的动态表现。通过这些工具，可以精确控制动画的关键帧之间的过渡，如图 14.2-11 所示。

图14.2-11

14.3 基础动画制作

　　本节将深入探讨 C4D 中的基础动画技术。通过运用关键帧和时间线窗口，用户能够创建出各种基础动画效果。这些技术构成了动画制作的基础，使得初学者能够掌握动画的基本制作流程和技巧。

动画是通过在不同时间点设置关键帧，并让软件在这些关键帧之间自动生成过渡效果来实现运动的。在动画制作过程中，只需要在合适的时间点记录下关键帧，C4D 等软件便会自动填充两者之间的动画。关键帧有多种

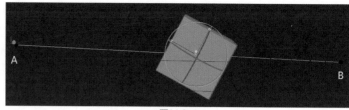

图14.3-1

类型，例如位置、旋转、缩放以及参数等，通过巧妙地使用这些不同类型的关键帧，创造出丰富和动态的视觉效果，如图 14.3-1 所示。

接下来做一个简单的动画。

步骤 01 新建一个"立方体"在左侧栏中，给位置、旋转、缩放都打上关键帧。然后按下属性栏中数据前的小方块，若其变成红色，关键帧就记录成功了，如图 14.3-2 所示。

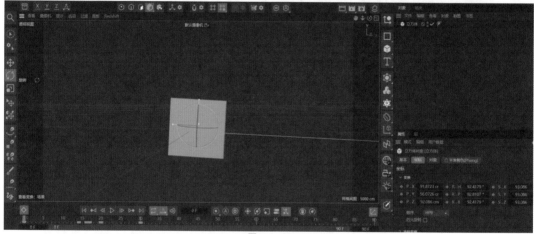

图14.3-2

步骤 02 将时间线拖动到动画结束的位置，例如第 30 帧的位置，改变位置、旋转、缩放的数据，再次按下数据前的小方块，记录关键帧，一个简单的动画就完成了，如图 14.3-3 所示。

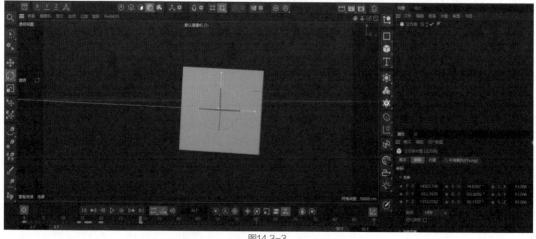

图14.3-3

步骤 03 按下 F8 键播放动画。打开"自动关键帧"，单击"记录活动对象"，同样移动时间线到动画结束的位置，再变换位置，即可自动生成一段动画，如图 14.3-4 所示。

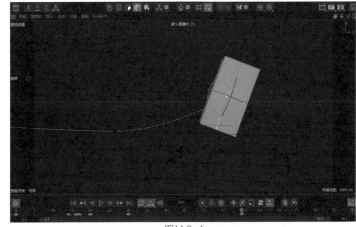

图14.3-4

14.4 角色动画技术

在 C4D 软件中，用户可以通过"角色"菜单执行与角色动画相关的一系列操作。这个菜单提供了创建关节、肌肉和蒙皮的工具，同时也允许用户进行权重控制和添加约束，从而实现对角色模型的精确动画制作。"角色"菜单栏如图 14.4-1 所示。

14.4.1 角色

C4D 软件内置了一套预设的骨骼系统，它允许用户以高效的方式构建完整的骨骼结构。在菜单栏中选择"角色"—"角色"命令，然后将属性栏切换到"对象"选项卡，在"模版"下拉列表中选择骨骼类型，如图 14.4-2 所示。

图14.4-1

例如选择标准的 Advanced Biped 骨骼系统，生成一套模拟人体的骨骼系统，如图 14.4-3 所示。这里在生成 Root 根和 Spine 脊椎后，需要按住 Ctrl+Shift 单击 Arm 和 Leg 同时生成手臂和大腿。完成骨骼的添加后，用户可以将骨骼与模型绑定，实现通过调整骨骼来改变模型姿态的功能。

图14.4-2

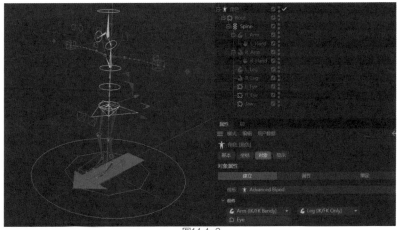

图14.4-3

14.4.2 关节

在 C4D 中，"关节"是用来构建角色模型的关节和骨骼的关键元素。在菜单栏中选择"角色"—"关节"命令，然后在视图中按住 Ctrl 键，使用鼠标左键单击即可完成关节的创建，使用这种方式会自动创建关节的父子层级。

如果单独建立关节，在使用多个关节时，必须设置它们之间的父子层级关系，以便能够控制这些关节的相对位置和运动。在多个关节中，顶部的"关节"是其他关节的父级，层层递减，如图 14.4-4 所示。这种层级设置的效果如图 14.4-5 所示。控制"关节"，则其子关节也会移动，控制子集，父级不会有变化。

图14.4-4

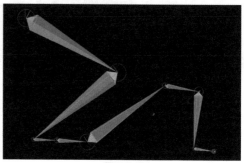

图14.4-5

父级关节的位置和运动将直接影响其子级关节，而子级关节不会对父级关节的位置产生任何影响。理解这一原则后，用户在制作模型时可以更加明确地确定关节间的层级结构，从而更精确地控制角色模型的动作和姿态。

15

第 15 章

渲染技术

C4D 的渲染技术以其高效性和灵活性而闻名，为用户提供了一系列先进的渲染选项。这些技术包括但不限于光线追踪、全局光照、材质和纹理的高级处理，以及对复杂场景的逼真渲染。C4D 的渲染引擎能够处理从简单的静态图像到复杂的动画序列，确保最终输出的视觉效果既具有艺术性又具有技术精度。无论是在产品设计、动画制作还是视觉效果创作中，C4D 都能提供强大的支持，帮助艺术家和设计师实现他们的创意愿景。

15.1 渲染器的行业应用

C4D 自带"标准""物理"和"Redshift"等渲染器。市面上还有一些可用于 C4D 的插件类渲染器。

15.1.1 行业主流渲染器

市面上常见的三维软件渲染器都拥有可以适配 C4D 的版本。在 C4D 中，使用较多的是软件自带的"标准""物理"和"Redshift"渲染器，以及作为外置插件的"Octane Render"。

1 "标准"渲染器

C4D 默认渲染器是"标准"渲染器，如图 15.1-1 所示。"标准"渲染器简单好用，操作原理与其他主流渲染器没有什么区别，唯一的缺点是渲染速度很慢，如果遇到强反射或者是带折射的材质，渲染速度就会更慢。

2 "物理"渲染器

"物理"渲染器的设置面板与"标准"渲染器基本相同，只是多了"物理"选项卡，如图 15.1-2 所示。在其中可以设置景深或运动模糊的效果以及抗锯齿的类型与等级。

3 "Redshift"渲染器

"Redshift"渲染器原本是一款插件渲染器，在 R26 版本中被纳入 C4D 作为软件自带的渲染器，其设置面板如图 15.1-3 和图 15.1-4 所示。虽然是内置渲染器，但用户使用"Redshift"渲染器还需要单独付费购买。

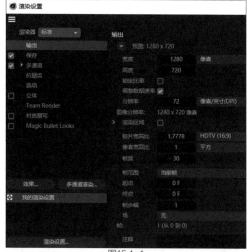

图15.1-1

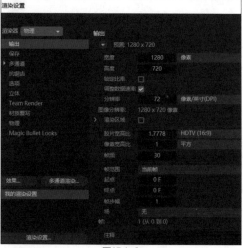

图15.1-2

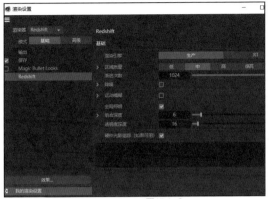
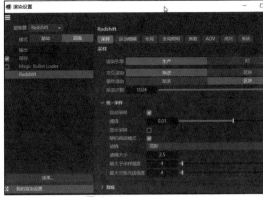

图15.1-3　　　　　　　　　　　　　　　图15.1-4

　　"Redshift"渲染器相对于其他两个 C4D 自带的渲染器来说，渲染速度快很多，而且渲染的光线更加逼真，也更加柔和。需要注意的是，如果切换到"Redshift"渲染器，软件会同时切换摄像机、灯光、材质和环境系统，默认的这些工具是不能在"Redshift"渲染器中进行渲染的。

4　"Octane Render"

　　"Octane Render"是 C4D 中常用的一款付费插件 GPU 渲染器。"Octane Render"在自发光和材质的表现上相当出色，渲染速度也相对较快，渲染的光线比较柔和，渲染效果看起来很舒服。

　　"Octane Render"和"Redshift"一样，也拥有一套相对应的材质、灯光、摄像机和渲染参数，与"Cinema4D"默认的材质、灯光、摄像机和天空等不兼容。图 15.1-5 所示为"Octane Render"的渲染设置面板。

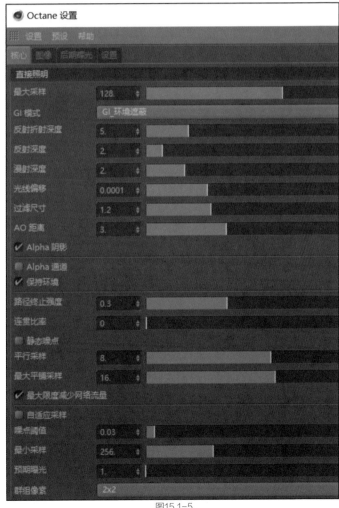

图15.1-5

15.1.2 渲染器类型的选择

渲染器一般分为 CPU 和 GPU 两大类。用户在选择渲染器时要参考自身计算机的配置，如果 CPU 很好但显卡一般，就选用系统自带的"标准""物理"和"Redshift"渲染器，也可以用"Arnold""VRay"和"Corona"等插件渲染器的 Cinema4D 版本。如果 CPU 一般但显卡很好，就选用"Octane Render"和 GPU 版的"Redshift"渲染器。

15.2 "标准"渲染器和"物理"渲染器

"标准"渲染器和"物理"渲染器作为 C4D 自带的免费渲染器，参数简单、好用，除了渲染速度较慢以外，没有其他较大的缺点。本节将讲解这两款渲染器的使用方法。

15.2.1 输出

单击工具栏中的"编辑渲染设置"按钮（快捷键为 Ctrl+B），就会打开"渲染设置"面板，默认显示"输出"选项卡。

1 "输出"选项卡

在"输出"选项卡中可以设置渲染图片的尺寸、分辨率以及渲染帧的范围，如图 15.2-1 所示。"宽度"和"高度"决定输出图像的大小，默认单位为"像素"。如果渲染图片不作为印刷文件，一般不会修改尺寸的单位。勾选"锁定比率"复选框后，只要修改"宽度"和"高度"中的任意一个参数，另一个参数就会根据"胶片宽高比"的值相应地变化。

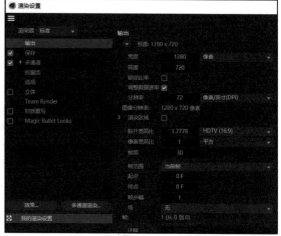

图15.2-1

2 分辨率

"分辨率"在默认情况下是 72 像素 / 英寸（DPI），这个值在电子屏幕上显示完全够用。如果渲染的图片要作为印刷文件，这个值要修改到 300 像素 / 英寸（DPI）。

如果只想渲染画面中的一部分，勾选"渲染区域"复选框后，在下方的参数中设置渲染区域的大小，如图 15.2-2 所示。

图15.2-2

3 帧频

"帧频"也就是我们常说的帧速率，是指 1 秒包含多少帧。默认情况下"帧频"为 30，代表 1 秒有 30 帧，这种帧速率符合 NTSC 播放制式，而常见的 PAL 制式则需要 25 帧 / 秒的帧速率。根据不同的播放设备，选择适合的速率。在"帧范围"下拉列表中可以选择渲染动画的帧的范围，如图 15.2-3 所示。如果只是渲染单帧，选择"当前帧"即可；如果要渲染动画的序列帧，则选择"全部帧"或"预览范围"。

图15.2-3

"起点"和"终点"代表了帧范围的起始位置和结束位置，"帧步幅"则代表渲染帧的间隔频率，其默认值为 1，代表逐帧渲染。

15.2.2 保存

在完成重要工作后，要选择保存备份文件，以防止原始文件被损坏或丢失，这一步至关重要。

1 "保存"选项卡

"保存"选项卡用于设置渲染图片的保存路径和格式，如图 15.2-4 所示。设置完成后，渲染的图片或视频就会按照设定的参数自动保存。

2 文件

在"文件"中设置渲染文件的保存路径，渲染完成后文件会自动保存。如果不设置该路径，渲染完的文件会缓存在"图像查看器"中，需要单独设置保存路径和格式等信息。在"格式"下拉列表中可以选择渲染文件的保存格式，如图 15.2-5 所示，上半部分是图片格式，下半部分是视频格式。

图15.2-4　　　　　图15.2-5

3 名称

在"名称"下拉列表中可以选择文件名称的呈现形式，如图 15.2-6 所示。勾选"Alpha 通道"复选框后，渲染的图片会自动显示 Alpha 通道。

图15.2-6

15.2.3 抗锯齿

"抗锯齿"是一种用于减少数字图像中锯齿状边缘的视觉效果的技术。锯齿是一种在显示高对比度的边缘时常见的问题，通常出现在像素边缘不平滑的情况下。

1 "抗锯齿"选项卡

"抗锯齿"选项卡用于控制模型边缘的锯齿，让模型的边缘更加圆滑、细腻，如图 15.2-7 所示。需要注意的是，"抗锯齿"功能只有在"标准"渲染器中才能完全使用。

2 标准

"标准"渲染器中的"抗锯齿"类型有"无""几何体""最佳"3 种模式，如图 15.2-8 所示。"几何体"有一定的抗锯齿效果，且渲染速度较快，一般在测试渲染时使用。"最佳"的抗锯齿效果较好，常用于成图渲染，但是渲染速度相对较慢。当设置"抗锯齿"为"最佳"时，会激活"最小级别"与"最大级别"参数，这两个参数的值设置得越大，画面的质量越好，渲染速度越慢。

图15.2-7

图15.2-8

3 过滤

"过滤"在一些渲染器中也会存在相同类型的参数，用于设置画面的清晰度，由于其差别不是很大，用户可以根据喜好使用。"过滤"下拉列表如图 15.2-9 所示。

图15.2-9

15.2.4 材质覆写

"材质覆写"选项卡用于为场景整体添加一个材质，但不改变场景中模型本身的材质，如图 15.2-10 所示。

将材质拖到"自定义材质"通道中，就可以用该材质覆盖整个场景。在"模式"下拉列表中可以选择不同的模式，如图 15.2-11 所示。如果有不需要被覆盖的模型，将该对象拖到"材质"通道中。

图15.2-10

默认情况下，透明类材质的模型不会被覆盖。在"保持"中取消勾选"透明度"复选框，会让透明类材质的模型也被覆盖。其余复选框同理。

图15.2-11

15.2.5 物理

当渲染器的类型切换为"物理"时，会自动添加"物理"选项卡，如图 15.2-12 所示。

"景深"和"运动模糊"复选框只要勾选，就能配合摄像机渲染出相应的效果。勾选"运动模糊"复选框后会激活"运动细分""变形细分""毛发细分"3 个参数，这 3 个参数都用于增加画面的细分值，尽量减少画面的颗粒感。

"物理"渲染器中的"采样器"用于控制画面中的锯齿大小，和"抗锯齿"的作用相同，在该下拉列表中可以选择不同的抗锯齿类型，如图 15.2-13 所示。

图15.2-13

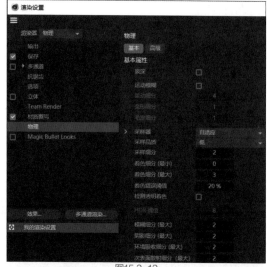

图15.2-12

在"采样品质"下拉列表中可以选择不同的抗锯齿级别，级别越高，渲染的速度越慢。增大"采样细分"的值可以让画面更加细腻，减少画面中的颗粒感噪点。

15.2.6 全局光照

"全局光照"是在计算机图形学中模拟真实世界中光照效果的技术，它考虑了场景中所有光源对物体的影响，包括直接光照和间接光照。

1 "全局光照"选项卡

"全局光照"选项卡不是"渲染设置"面板中默认的选项卡。单击"效果"按钮，在弹出的菜单中选择"全局光照"命令就可以添加该选项卡，如图 15.2-14 所示。

"全局光照"选项卡是非常重要的，能计算出场景的全局光照效果，让渲染出的画面更接近真实的光影关系，如图 15.2-15 所示。"全局光照"也叫 GI，是大多数渲染器中都有的功能，通过计算直接光照和间接光照，创造出更加真实和复杂的光照效果。

2 预设

在"预设"下拉列表中可以选择系统提供的渲染模式，如图 15.2-16 所示。该下拉列表对初学者来说非常好用，因为不用记复杂的渲染参数，只要选择合适的预设，就能快速设定"全局光照"的级别。

图15.2-14

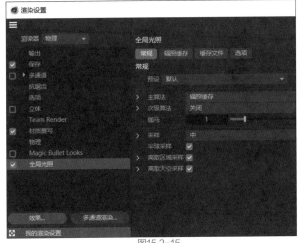

图15.2-15

图15.2-16

3 主算法

"主算法"用于设置光线首次反弹的方式，在该下拉列表中可以选择不同的类型，如图 15.2-17 所示。QMC 的算法按照像素直接渲染，效果会更好，但渲染速度较慢。"辐照缓存"是一种计算光线的算法，会提前渲染光子文件，速度较快，但有时质量会比 QMC 差一些。

图15.2-17

4 次级算法

"次级算法"用于设置二次反弹的方式，同样可以在下拉菜单中选择不同的类型，如图 15.2-18 所示。

5 伽马

"伽马"用于设置画面的整体亮度值，建议保持默认。

6 采样

"采样"用于设置图像采样的精度，在其下拉列表中可以选择不同的等级，如图 15.2-19 所示。一般情况下，保持默认的"中"就可以渲染出质量较好的图片。如果想快速预览图像，可以选择"低"选项。

当"主算法"和"次级算法"均设置为"辐照缓存"时，切换到"辐照缓存"选项卡，可以设置辐照缓存的精度，如图 15.2-20 所示。

场景中的光源可以分为两大类，一类是直接照明光源，另一类是间接照明光源。直接照明光源发出的光线直接照射到物体上形成照明效果；间接照明光源发出的光线由物体表面反弹后照射到其他物体表面形成光照效果，如图 15.2-21 所示。全局光照是由直接照明和间

图15.2-19　　图15.2-20

接照明一起形成的照明效果，更符合现实中的真实光照。

在 C4D 的全局光照渲染中，渲染器需要进行灯光的分配计算，分别是"首次反弹算法"和"二次反弹算法"。经过两次计算后，再渲染出图像的反光、高光和阴影等效果。

全局光照的"主算法"和"次级算法"中有多种计算模式，下面介绍各种模式的优缺点，以方便读者进行选择。

●辐照缓存

其优点是计算速度较快，加速区域光照产生的直接漫射照明，且能存储，重复使用；缺点是在间接照明时可能会模糊一些细节，尤其是在计算动态模糊时，这种情况更为明显。

● QMC

其优点是保留间接照明中的所有细节，在渲染动画时不会出现闪烁；缺点是计算速度较慢。

●光子贴图

其优点是加快形成场景中的光照，且可以被存储；缺点是不能计算由天光产生的间接照明。

●辐射贴图

其优点是参数简单，与光线映射类似，计算速度快，且可以计算天光产生的间接照明；缺点是效果较差，不能很好地表现凹凸纹理效果。

下面是一些使用比较多的渲染引擎组合，读者可以直接将它们套用在渲染场景中。

● QMC+QMC

● QMC+"辐照缓存"

● "辐照缓存"+"辐照缓存"

● "辐照缓存"+"辐射贴图"

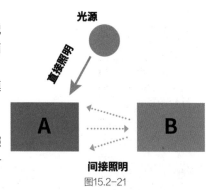

光源

直接照明

间接照明

图15.2-21

15.3 渲染模式与方法

C4D 在渲染单帧图、序列图和视频的方法上有所区别，本节介绍这 3 种类型的输出文件的渲染方法。

15.3.1 单帧图渲染

默认情况下，"渲染设置"面板中的参数保持单帧图渲染的模式。在"输出"选项卡中需要设置渲染图片的"宽度""高度""分辨率"，如图 15.3-1 所示。

在"保存"选项卡中设置渲染图片的保存路径、格式，如果是带透明通道的图片，需要勾选"Alpha 通道"复选框，如图 15.3-2 所示。

在"抗锯齿"选项卡中设置"抗锯齿"为"最佳"、"最小级别"为 2×2、"最大级别"为 4×4，可以设置"过滤"为 Mitchell，也可以保持默认设置，如图 15.3-3 所示。

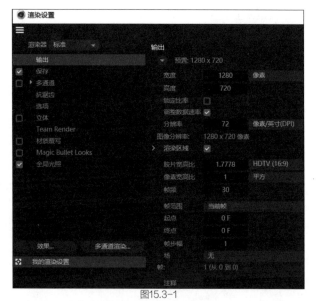

图15.3-1

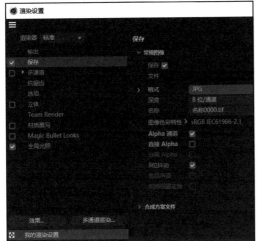

图15.3-2

图15.3-3

在"全局光照"选项卡中设置"主算法"和"次级算法"都为"辐照缓存",如图 15.3-4 所示。如果渲染效果不理想,可以设置"主算法"为 QMC,如图 15.3-5 所示。

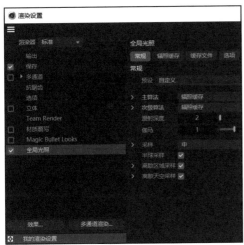

图15.3-4

图15.3-5

15.3.2 单帧图渲染案例

下面借助所学的知识,渲染一个场景的单帧效果图,如图 15.3-6 所示。

步骤 01 场景中已经创建好了摄像机、灯光和材质。按快捷键 Ctrl+B 打开"渲染设置"面板,在"输出"选项卡中设置"宽度"为 1280 像素、"高度"为 720 像素,如图 15.3-7 所示。

步骤 02 在"抗锯齿"选项卡中设置"抗锯齿"为"最佳"、"最小级别"为 2×2、"最大级别"为 4×4、"过滤"为 Mitchell,如图 15.3-8 所示。

图15.3-6

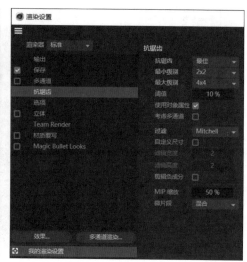

图15.3-7 图15.3-8

步骤 03 添加"全局光照",然后设置"主算法"和"次级算法"都为"辐照缓存",如图 15.3-9 所示。

步骤 04 按快捷键 Shift+R 渲染场景,效果如图 15.3-10 所示。

图15.3-10

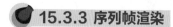

图15.3-9

15.3.3 序列帧渲染

序列帧是指在渲染动画时,将每一帧都渲染为一张图片所生成的一系列连续的图片。在设置渲染序列帧的时候,只需要更改"输出"选项卡中的"帧范围"为"全部帧"即可,如图 15.3-11 所示。需要注意的是,如果动画比时间线的终点短,将"终点"的值设置为动画的最后一帧。

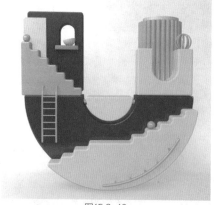

图15.3-11

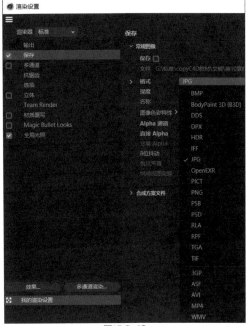

图15.3-12

15.3.4 视频渲染

渲染的序列帧虽然能生成动画，但还需要导入后期软件合成后才能生成视频格式的动画。在 C4D 中可以直接渲染视频格式的文件，这样省去了导入后期软件的过程，极大地提高了制作效率。

视频渲染的方法与序列帧渲染的方法基本相同，唯一不同的地方是在保存文件的格式时需要选择视频格式，如图 15.3-12 所示。常用的视频格式是 MP4和 WMV 两种，这两种格式的视频体积较小，且画面较为清晰，也方便导入其他视频软件进行编辑。

15.3.5 渲染动画

本例制作 LOVE 字母球体喷发动画，效果如图 15.3-13 所示。

图15.3-13

步骤 01 场景中已经创建好了摄像机、灯光和材质。按快捷键 Ctrl+B 打开"渲染设置"面板，在"输出"选项卡中设置"宽度"为 1280 像素、"高度"为 720 像素，"帧范围"为"手动"，"起点"为 0F，"终点"为 90F，如图 15.3-14 所示。

步骤 02 在"保存"选项卡中设置渲染文件的保存路径，然后设置"格式"为 MP4，如图 15.3-15 所示。

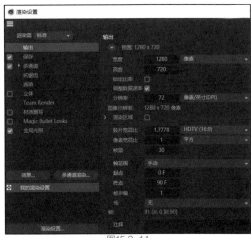

图15.3-14

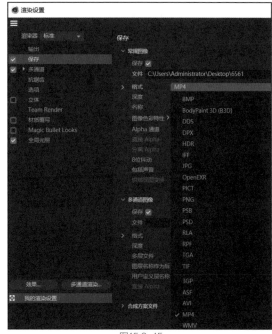

图15.3-15

步骤 03 添加"全局光照"，设置"主算法"和"次级算法"都为"辐照缓存"，如图 15.3-16 所示。

步骤 04 按快捷键 Shift+R 渲染场景，在"图像查看器"中可以观察到逐帧渲染的图像，如图 15.3-17 所示。

图15.3-16

图15.3-17

步骤 05 渲染完成后，在保存文件的路径中可以找到渲染完成的视频文件。在视频中任意截取 4 帧，效果如图 15.3-18 和图 15.3-19 所示。

图15.3-18

图15.3-19

附　录

创建工具栏

●区域光

区域光是一种非常实用的光源类型，它模拟的是从某个平面或区域发射出来的光线，类似于现实生活中的灯箱或窗户等光源。区域光可以产生柔和的阴影，并且可以通过调整其形状和大小来模拟不同类型的光源效果。

●转为可编辑对象

将对象转换为可编辑对象，通常是指将导入的模型、由程序生成的几何体或其他非直接由用户创建的对象转换为可以进行建模操作的网格对象。

●线性域

通常指的是使用几何节点来创建和操作线性的力场或影响区域。这些域可以用来影响其他几何体，例如模拟线条的吸引力或者排斥力，或者用于动画中创建特定的效果。

● RS 太阳与天空装配

创建太阳和天空的装配通常涉及到使用插件或内置的功能来模拟自然环境中的光照效果。

●标准

包括标准、运动摇臂摄像机

●克隆

增加克隆对象，克隆技术可以用于创建多个对象的副本，这些副本可以是完全独立的，也可以是相互关联的。

●弯曲

增加弯曲对象，创建弯曲效果可以通过多种方法实现，包括使用修改器、变换工具或几何节点。

●简易

增加简易对象

●文本样条

增加文本样条对象

●细分曲面

增加细分曲面对象，细分曲面是一种常用的技术，用于创建平滑的曲面。

●体积生成

增加体积生成对象，体积生成是一个强大的功能，它允许用户创建和操作体积数据。

●空白

增加空白对象

●矩形

增加矩形对象

●立方体

增加立方体对象

编辑模式工具栏

● X 轴

锁定、解锁 X 轴

● Y 轴

锁定、解锁 Y 轴

● Z 轴

锁定、解锁 Z 轴

●坐标系统

使用一个三维坐标系统，其中包括三个主要的坐标轴：X 轴、Y 轴和 Z 轴。

●点

进入点模式

●边

进入边模式

●多边形

进入面模式

●模型

进入模型模式

●纹理

进入纹理模式

●启用轴心

启用和使用轴心点（pivot point）对于对象的变换（如旋转、缩放和移动）非常重要。轴心点决定了对象围绕哪个点进行变换。

● **UV 模式**

UV 模式是用于将 2D 图像或纹理映射到 3D 模型表面的技术。

● **启用捕捉**

启用捕捉功能可以帮助用户在进行建模和其他变换操作时，将对象或网格元素轻松对齐到其他元素或特定的参考点。

● **建模设置**

建模设置涉及到多个方面，包括首选项设置、界面布局、建模工具、以及各种模态转换等。

● **工作平面**

工作平面（Work Plane）是指在 3D 空间中用于参考和对齐建模操作的虚拟平面。这个概念在进行精确建模时非常重要，尤其是在使用变换工具（如移动、旋转、缩放）时。

● **锁定工作平面**

锁定工作平面通常指的是将 3D 光标或物体的位置固定在某个特定的位置或平面上，以便进行精确的建模和变换操作。

● **软选择**

允许在编辑时对选定元素附近的其他元素产生影响，这种影响会随着距离的增加而逐渐减小。

● **轴心和软选择**

轴心点和软选择是两个重要的概念，它们在建模过程中经常使用。轴心点决定了物体在进行旋转和缩放操作时围绕哪个点进行。软选择允许用户对选中的顶点周围的顶点进行渐变式的编辑。

● **启用对称**

对称功能对于创建对称模型非常有帮助。

● **对称**

对称性是一个非常有用的功能，特别是在进行硬表面建模或雕刻时。

● **视窗独显**

在视窗中隔离所选对象

● **视窗独显自动**

切换动态选择独显模式

动态调色工具栏

● **命令行**

搜索工具、对象、资产和其他条目

● **笔刷选择**

进入笔刷选择

● **选择过渡**

编辑器选择过渡

● **移动**

移动工具

● **旋转**

旋转工具

● **缩放**

缩放工具

● **放置**

将所选对象放置在所选曲面位置上

● **动态放置**

移动选定对象并于场景的其余部分发生碰撞

● **样条画笔**

样条的顶点绘制与操作工具

● **多边形画笔**

绘制与编辑多边形对象

● **散布画笔**

绘制笔触以将对象散布在表面上

● **绘制工具**

绘制顶点贴图

● **引导线工具**

绘制并编辑引导线

● **草绘描绘**

草绘描绘工具通常指的是用于精确绘制 2D 草图的工具。